EXAMPRESS®

LPICレベル1 102 スピードマスター問題集 Version4.0対応

有限会社ナレッジデザイン　山本道子、大竹龍史

本書内容に関するお問い合わせについて

このたびは翔泳社の書籍をお買い上げいただき、誠にありがとうございます。弊社では、読者の皆様からのお問い合わせに適切に対応させていただくため、以下のガイドラインへのご協力をお願い致しております。下記項目をお読みいただき、手順に従ってお問い合わせください。

●ご質問される前に

弊社Webサイトの「正誤表」をご参照ください。これまでに判明した正誤や追加情報を掲載しています。

正誤表　http://www.shoeisha.co.jp/book/errata/

●ご質問方法

弊社Webサイトの「刊行物Q&A」をご利用ください。

刊行物Q&A　http://www.shoeisha.co.jp/book/qa/

インターネットをご利用でない場合は、FAXまたは郵便にて、下記“翔泳社 愛読者サービスセンター”までお問い合わせください。
電話でのご質問は、お受けしておりません。

●回答について

回答は、ご質問いただいた手段によってご返事申し上げます。ご質問の内容によっては、回答に数日ないしはそれ以上の期間を要する場合があります。

●ご質問に際してのご注意

本書の対象を越えるもの、記述個所を特定されないもの、また読者固有の環境に起因するご質問等にはお答えできませんので、予めご了承ください。

●郵便物送付先およびFAX番号

送付先住所　〒160-0006　東京都新宿区舟町5
FAX番号　03-5362-3818
宛先　（株）翔泳社 愛読者サービスセンター

はじめに

LPIC（エルピック）は、NPO法人/Linux技術者認定機関「LPI」（本部：カナダ）が実施している全世界共通のLinux技術者認定制度です。

LPIC Level1は、主に初級システム管理のスキルを認定するものであり、本書はその試験対策用書籍です。Linuxの初学者を対象にしており、基本的には各章ごとに項目が独立していますが、関連のある項目は詳細がどこに記載されているかを明示しているので、途中で知らないことが出てきても、再度読み直すことで理解が深まると思います。

本試験は、コンピュータベーステスト（CBT）で実施されます。したがって試験範囲となる用語やコマンドなどは、ある程度暗記しておく必要はあります。しかし、闇雲に暗記するのではなく、ご自身で操作しながら確認できるよう、本書では一連の手順および解説が記載されています。ぜひ、ご自身の環境で実行・確認等しながら読みすすめていただければと思います。

また、本書では問題ごとに重要度を掲載しているので、参考にしてください。受験日の直前対策として、星3個の問題、および模擬試験問題は繰り返し確認することをおすすめいたします。なお、章問題の中には、類似問題の対策ポイントを「あわせてチェック!」として掲載しているので、読み落とさないようにしてください。

本書を通じて、試験合格だけでなくLinuxのスキルを高める手助けになることを願っております。

最後に本書の出版にあたり、ナレッジデザインの各メンバにはたくさんの応援と技術サポートを頂きました。市来 秀男さん、和田 佳子さん、菊池利香さん、心より感謝しております。また、株式会社 翔泳社の野口 亜由子様をはじめ編集の皆様にこの場をお借りして御礼申し上げます。

2015年10月

山本 道子

大竹 龍史

LPI認定試験の概要

「LPIC」は、NPO法人/Linux技術者認定機関「LPI」が実施している全世界共通・世界最大規模・最高品質の「Linux技術者認定制度」です。

LPICの大きな特長として、以下の3点が挙げられます。

1. GLOBAL　世界標準資格
2. NEUTRAL　中立・公正
3. STANDARD　世界最大規模

LPI認定の種類と試験科目

LPI認定は、レベル1からレベル3まで3段階に分かれており、レベルが上がるに従って難易度は高くなります。レベル1は初級者、レベル2は中級者、レベル3は上級者とみなすことができます。Linux経験年数の目安としては、レベル1では半年〜1年程度、レベル2では3〜4年程度とされています。認定はレベル順に取得する必要があり、レベル2の認定には有意なレベル1の認定が、レベル3の認定には有意なレベル2の認定が必要です。

表1　LPICの試験体系（2015年10月現在）

認定名	試験の正式名称	レベル
LPICレベル1	101試験：LPI Level1 Exam 101 102試験：LPI Level1 Exam 102	サーバの構築、運用・保守
LPICレベル2	201試験：LPI Level2 Exam 201 202試験：LPI Level2 Exam 202	ネットワークを含む、コンピュータシステムの構築、運用・保守
LPICレベル3「Specialty」	LPI 300 Mixed Environment Exam LPI 303 Security Exam LPI 304 Virtualization & High Availability Exam	各分野の最高レベルの技術力を持つ専門家レベル

レベル1およびレベル2の認定を取得するには、各レベルで必要とされる2つの試験に合格しなければなりません。

レベル1の概要と出題範囲

LPICレベル1に認定されるためには101試験と102試験に合格する必要があります。また、レベル1のVer4.0は2015年6月1日にリリースされました。Ver4.0の試験概要および出題範囲は下記のとおりです(2015年10月現在の情報に基づいています)。

表2　101試験の概要

出題数	約60問
制限時間	90分
合格に必要な正答率	65%前後　※推定値
試験範囲	主題101：システムアーキテクチャ 主題102：Linuxのインストールとパッケージ管理 主題103：GNUとUnixのコマンド 主題104：デバイス、Linuxファイルシステム、ファイルシステム階層標準

表3　102試験の概要

出題数	約60問
制限時間	90分
合格に必要な正答率	65%前後　※推定値
試験範囲	主題105：シェル、スクリプト、およびデータ管理 主題106：ユーザインターフェイスとデスクトップ 主題107：管理業務 主題108：重要なシステムサービス 主題109：ネットワークの基礎 主題110：セキュリティ

LPI認定試験では、それぞれの課題に重要度が付けられています。

レベル1試験の各課題の重要度は、次のとおりです。試験範囲等は変更される可能性があるため、受験する際にはLPIのWebサイト(http://www.lpi.or.jp/lpic1/range/)で確認してください。

表4　101試験の課題と重要度

主題	課題	重要度
主題101： システムアーキテクチャ	1　ハードウェア設定の決定と構成	2
	2　システムのブート	3
	3　ランレベル/ブートターゲットの変更とシステムのシャットダウンまたはリブート	3

(続く)

表4　101試験の課題と重要度（続き）

主題	課題	重要度
主題102：Linuxのインストールとパッケージ管理	1　ハードディスクのレイアウト設計	2
	2　ブートマネージャのインストール	2
	3　共有ライブラリの管理	1
	4　Debianパッケージ管理の使用	3
	5　RPMおよびYUMパッケージ管理の管理	3
主題103：GNUとUnixのコマンド	1　コマンドラインの操作	4
	2　フィルタを使ったテキストストリームの処理	3
	3　基本的なファイル管理の実行	4
	4　ストリーム、パイプ、リダイレクトの使用	4
	5　プロセスの生成、監視、終了	4
	6　プロセスの実行優先度の変更	2
	7　正規表現を使用したテキストファイルを検索	2
	8　viを使った基本的なファイル編集の実行	3
主題104：デバイス、Linuxファイルシステム、ファイルシステム階層標準	1　パーティションとファイルシステムの作成	2
	2　ファイルシステムの整合性の保守	2
	3　ファイルシステムのマウントとアンマウントの制御	3
	4　ディスククォータの管理	1
	5　ファイルのパーミッションと所有者の管理	3
	6　ハードリンクとシンボリックリンクの作成・変更	2
	7　システムファイルの確認と適切な位置へのファイルの配置	2

表5　102試験の課題と重要度

主題	課題	重要度
主題105：シェル、スクリプト、およびデータ管理	1　シェル環境のカスタマイズと使用	4
	2　簡単なスクリプトのカスタマイズまたは作成	4
	3　SQLデータ管理	2
主題106：ユーザインターフェイスとデスクトップ	1　X11のインストールと設定	2
	2　ディスプレイマネージャの設定	1
	3　アクセシビリティ	1
主題107：管理業務	1　ユーザアカウント、グループアカウント、および関連するシステムファイルの管理	5
	2　ジョブスケジューリングによるシステム管理業務の自動化	4
	3　ローカライゼーションと国際化	3

主題	課題	重要度
主題108： 重要なシステムサービス	1　システム時刻の保守	3
	2　システムのログ	3
	3　メール転送エージェント(MTA)の基本	3
	4　プリンタと印刷の管理	2
主題109： ネットワークの基礎	1　インターネットプロトコルの基礎	4
	2　基本的なネットワーク構成	4
	3　基本的なネットワークの問題解決	4
	4　クライアント側のDNS設定	2
主題110： セキュリティ	1　セキュリティ管理業務の実施	3
	2　ホストのセキュリティ設定	3
	3　暗号化によるデータの保護	3

受験の申し込みから結果の確認まで

受験の申し込み

LPIC受験の申込は、試験配信会社（テストセンター）の「ピアソンVUE」で行います。受験予約の際には、LPICレベル1の受験の際に既に取得しているLPI-IDが必要です。予約の方法は、①Webサイトから予約する、②電話で予約するの2種類があります。なお、団体受験用にペーパーテスト（PBT）も用意されています。

詳細は、下記に記載してありますので確認しましょう。

http://www.lpi.or.jp/app/registration.shtml

受験

試験会場には、試験開始時間の15分前までに到着するようにします。到着したら受付手続きを済ませてください。受付では、運転免許証、パスポートなどの身分証明書が必要になります。試験時間になったら、担当者の指示でテストルームに入ります。テストルームには、本、鞄、筆記具、携帯電話などはいっさい持ち込むことができないので、あらかじめ試験会場内のロッカーに預けておきます。

テストルームに入ったら、指定された席に着いてください。席にはノートボードとペンが用意されており、試験中にメモをとるときなどに使うことができます。コンピュータの画面には受験する試験が表示されています。監督官の指示に沿い、画面の指示に従って試験を始めてください。

試験の終了と採点

試験が終了すると、すぐに得点と合否が表示されます。試験が終了して退出するときには、ノートボードとペンは席に残していかなければなりません。試験結果のレポートは印刷されているので、受付で受け取ってください(試験会場により受け取り場所が異なることがあります)。

再受験(リテーク)ポリシー

不合格の場合は、再試験を受ける際のリテークポリシーに注意してください。同一科目を受験する際、2回目の受験については、受験日の翌日から起算して7日目以降(土日含む)より可能となります。3回目以降の受験については、最後の受験日の翌日から起算して30日目以降より可能となります。詳しくはLPIのWebページで確認してください。

試験に合格したら

101試験と102試験の両方に合格すると、1～2か月後に認定証が郵送されてきます。試験終了後、特に手続きをする必要はありません。

なお、LPI認定には有効期限がありません。一度合格すれば再試験を受ける必要はありませんが、最新の技術動向に対応できているかどうかの判断基準として、有意性の期限(5年)が定められています。認定日から5年以内に、同一レベルの認定を再取得もしくは上位レベルを取得することで、「ACTIVE」な認定ステータスを維持することができます。詳しくはLPIのWebページで確認してください。

- **詳しい内容についてのお問い合わせ**
  エルピーアイジャパン(LPI-Japan)事務局
  TEL：03-3568-4482　FAX：03-3568-4483
  http://www.lpi.or.jp　E-mail：info@lpi.or.jp

- **受験の申込についてのお問い合わせ**
  ピアソンVUE
  http://www.vue.com/japan/
  TEL：0120-355-173(受付時間：祝祭日を除く月～金曜日　9:00～18:00)

本書の使い方

本書は、LPIC レベル1の認定に必要な試験のうち、102試験に対応した問題集で、本番試験に近い形の練習問題形式で構成されています。各章はLinuxの基本操作を順序だてて説明しています。

また、各問題の試験における重要度を星の数で表示しています。Linux経験者や試験傾向をすばやく把握されたい方、また試験の直前対策には、星3個の問題および模擬試験問題を重点的に確認することをおすすめします。なお、章問題の中には、類似問題の対策ポイントを「あわせてチェック!」として掲載しているので、読み落とさないようにしてください。

また、本書では試験対策のみならず、実現場で役立つ情報も本文および参考で記載していますので、ご一読ください。

検証環境

本書内では、主にScientific Linux 6、新トピックはCentOS 7を使用して検証しています。

現在、上記以外にも多くのディストリビューションがリリースされていますが、同様の使い方ができるはずです。できれば学習の際に複数のディストリビューションで検証することをお薦めします。

本書記載内容に関する制約について

本書は、「LPI 認定試験(LPIC)」の「LPI Level1 Exam 102」に対応した学習書です。LPIは、特定非営利活動法人/Linux 技術者認定機関「LPI」(以下、主催者)が運営する資格制度に基づく試験であり、下記のような特徴があります。

① 出題範囲および出題傾向は主催者によって予告なく変更される場合がある。
② 試験問題は原則、非公開である。

本書の内容は、その作成に携わった著者をはじめとするすべての関係者の協力(実際の受験を通じた各種情報収集/分析など)により、可能な限り実際の試験内容に則すよう努めていますが、上記①・②の制約上、その内容が試験の出題範囲および試験の出題傾向を常時正確に反映していることを保証するものではありませんので、あらかじめご了承ください。

目次

姉妹書のお知らせ

本書の姉妹書として、『[ワイド版] Linux 教科書 LPIC レベル1 101 スピードマスター問題集 Version4.0 対応』(ISBN978-4-7981-4584-6) がオンデマンドで刊行されています。

1章 シェル、スクリプト、SQLの基礎

本章のポイント

❖シェル環境のカスタマイズ

コマンドプロンプトに対して入力されたコマンドを解釈実行するbashシェルの環境はユーザごとにカスタマイズができます。
シェル変数や環境変数を表示したり、各変数を設定したりするコマンドや、ユーザのログイン時あるいはログイン後のbash起動時に自動的に読み込まれる環境設定のためのファイルについて理解します。

重要キーワード

ファイル：/etc/profile、~/.bash_profile、~/.bash_login、~/.profile、~/.bashrc

コマンド：set、unset、function、declare、export、alias

❖簡単なシェルスクリプトの作成

シェルは変数や条件分岐、繰り返し処理などの制御構造を持っていて、これらの機能を使ってプログラムを書くことができます。これをシェルスクリプトと呼びます。シェルスクリプトはシェルがインタプリッタとして解釈実行するので、コンパイルせずにそのまま実行でき、また多様なLinuxコマンドを利用できるので、容易に高機能なプログラムを作ることができます。ここでは基本的な機能を持ったシェルスクリプトの作成の仕方について理解します。

重要キーワード

コマンド：if then fi、for do done、while do done、shift、test、seq

❖SQLの基礎

LinuxではMariaDB、MySQL、PostgreSQL、SQLiteなどのオープンソースのデータベースを使用することができます。このようなデータベースは他の様々なオープンソースのソフトウェアから利用できますし、また単独で利用することもできます。ここではテーブルのレコードを検索、追加、削除、更新する基本的なSQLコマンドの使い方を理解します。

重要キーワード

SQLコマンド：select、insert、update、delete

SQL句：where、set、order by、group by

SQL集計関数：count()、sum()

問題 1-1

重要度《★★★》 □□□

ユーザのホームディレクトリ直下のファイルで、bashシェル環境のカスタマイズに使用されるものはどれですか？ 1つ選択してください。

A. bashと.bashrc　　**B.** bashrcとbashprofile
C. bash.confと.bash_profile　　**D.** .bashrcと.bash_profile

《解説》 ユーザがログインした時に最初に起動するシェルをログインシェルと呼びます。
ユーザのログインシェルは/etc/passwdファイルの最後のフィールド(7番目のフィールド)で指定されています。ユーザのホームディレクトリは/etc/passwdの6番目のフィールドで指定されています。

/etc/passwd のユーザ yuko のエントリの例

```
yuko:x:500:500:Yuko:/home/yuko:/bin/bash
```

bashはログインシェルとして起動すると、/etc/profile、~/.bash_profile、~/.bash_login、~/.profileの順番で各ファイルをログイン時に一度だけ読み込んで実行します。
ユーザがログインした後に、ターミナルエミュレータを開くことで起動するシェルを実行したり、コマンドラインから別のシェルを起動したりすることも可能です。これを非ログインシェルと呼びます。
bashは非ログインシェルとして起動した場合、~/.bashrcファイルがあれば起動のたびにこれを読み込んで実行します。
したがって、非ログインシェル起動時に読み込まれる.bashrcと、ログインシェル起動時に読み込まれる.bash_profileとが書かれた選択肢Dが正解です。
なお、これらのファイルがない場合は単に実行されないだけで、エラーとはなりません。

bash の設定ファイル

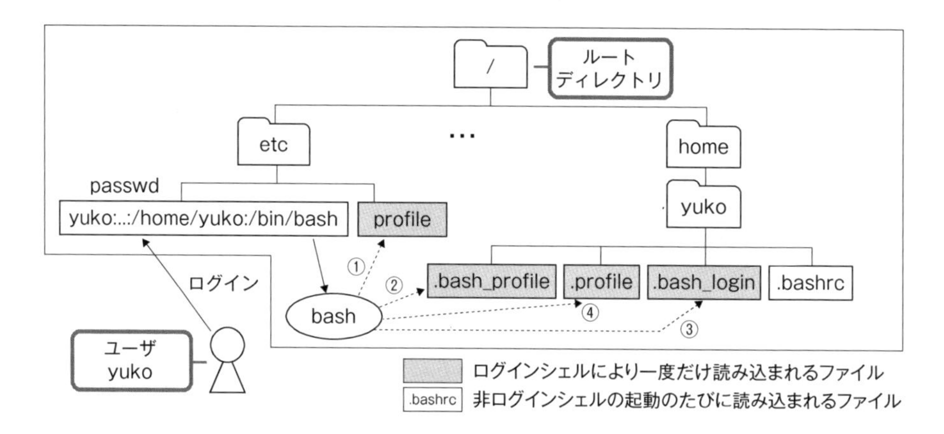

bashの設定ファイルには上記の他に/etc/bash.bashrcがあります。/etc/bash.bashrcは各ユーザが非ログインシェルとしてbashを起動した場合に最初に実行され、次に各ユーザの~/.bashrcが実行されます。
なお、ディストリビューションによって、以下の表のとおり/etc/bash.bashrcを使用できるものとできないものがあります。

/etc/bash.bashrc の使用可 / 不可

ディストリビューション	使用の可/不可
Ubuntu 15.04	使用可
SLES 12	使用可
CentOS 7	使用不可
Fedora 21	使用不可

この使用の可/不可の違いは、bashのソースコード中のマクロ定義「#define SYS_BASHRC "/etc/bash.bashrc"」の記述行を有効にしたか無効にしたかによるもので、有効にしてコンパイルしたディストリビューションでは使用可、無効にしてコンパイルしたディストリビューションでは使用不可となっています。

《答え》D

問題 1-2

重要度《★★★》 □□□

bashをログインシェルとするすべてのユーザが共通して使用可能な変数と値を設定する場合に適切なものはどれですか？　1つ選択してください。

A. /etc/bashrc
B. /etc/profile
C. /etc/skel/.bashrc
D. /etc/skel/.bash_logout

《解説》bashをログインシェルとするすべてのユーザがログインすると、bashは最初に/etc/profileを読み取って実行します。このため、/etc/profileですべてのユーザに共通する環境の設定を行うことができます。

/etc/profile の例

```
USER="`id -un`"
LOGNAME=$USER
MAIL="/var/spool/mail/$USER"
```

参考
最近のディストリビューションでは、ユーザに共通する環境の設定をカスタマイズする場合は/etc/profile.dディレクトリの下に.shをサフィックスとするスクリプトを追加して行うことが推奨されています(/etc/profile.dは試験範囲外です)。

RedHat系のディストリビューションでは、非ログインシェル起動時にどのユーザにも共通した設定を行うファイルとして/etc/bashrcが使われています。/etc/bashrcはbashが直接読み込むファイルではなく、.bashrcの中で次のように記述することにより読み込まれるようになっています。

.bashrcの抜粋

```
if [ -f /etc/bashrc ]; then
        . /etc/bashrc
fi
```

《答え》 B

問題 1-3

重要度《★★☆》 □□□

bashをログインシェルとするすべてのユーザがログインすると、どの順番で設定ファイルを読み取りますか？　1つ選択してください。

A. .bashrc -> .bash_profile
B. /etc/profile -> .bash_profile -> .bash_login -> .profile
C. /etc/bashrc -> .bash_profile
D. .bash_profile -> .bash_login -> .profile -> /etc/profile

《解説》 bashはログインシェルとして起動すると、/etc/profile、~/.bash_profile、~/.bash_login、~/.profileの順番で各ファイルを読み込んで実行します。
ファイル名だけでなく、読み取られる順番についても出題されるので注意してください。

《答え》 B

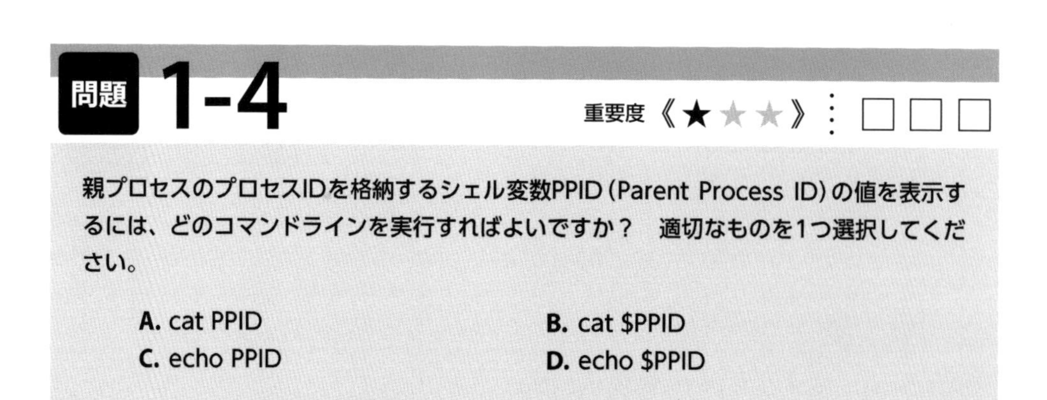

問題 1-4

重要度《★☆☆》 □□□

親プロセスのプロセスIDを格納するシェル変数PPID（Parent Process ID）の値を表示するには、どのコマンドラインを実行すればよいですか？　適切なものを1つ選択してください。

A. cat PPID
B. cat $PPID
C. echo PPID
D. echo $PPID

《解説》 シェル変数を参照するには、シェル変数の前に$を付けます。値を表示するにはechoコマンドを使用します。したがって選択肢Dが正解です。
選択肢AはPPIDというファイルの内容を表示します。選択肢Bはシェル変数PPIDの値をファイル名とするファイルの内容を表示します。選択肢CはPPIDという文字列を表示します。

《答え》 D

問題 1-5

重要度《★★★》 □□□

コマンドcmdの実行結果をシェル変数varに格納するコマンドラインはどれですか？ 2つ選択してください。

A. var=$((cmd))
B. var=$(cmd)
C. var=`cmd`
D. var="exec cmd"
E. var='$cmd'

《解説》 コマンドの実行結果をシェル変数に代入するには、以下の2通りの方法があります。
①コマンドを$()で囲んで、その結果をシェル変数に代入する
②コマンドをバッククォート「`」で囲んで、その結果をシェル変数に代入する
したがって、①に該当する選択肢Bと②に該当する選択肢Cが正解です。
二重括弧「(())」は、コマンドの実行ではなく算術演算で使用します。

実行例

```
$ echo $((1+2))
3
```

したがって、選択肢Aは誤りです。
execはbashの組み込みコマンドで、子プロセスを生成するのではなく、現行プロセスを引数で指定したコマンドに入れ替えて実行します。したがって選択肢Dは、選択肢Cと同じくバッククォート「`」で囲めば正解ですが、ダブルクォート「"」で囲んでいるため、「exec cmd」が文字列としてそのまま変数varに格納されるので誤りです。
選択肢Eはシングルクォート「'」で囲んでいるため、「$cmd」が文字列としてそのまま変数varに格納されるので誤りです。

《答え》 B、C

問題 1-6

重要度《★★☆》 □□□

一連の処理を子シェルではなく現在のシェルの中で実行したい場合、適切なものを1つ選択してください。

- **A.** コマンドラインで「$ bash 処理プログラム名」と実行する
- **B.** 1行目に#!/bin/bashと記述されたシェルスクリプトをコマンドとして実行する
- **C.** シェルの関数機能functionを使う
- **D.** シェルの関数機能declareを使う

《解説》組み込みコマンドfunctionにより、シェル内部に関数を定義することができます。定義された関数はシェル内部で実行され、シェルスクリプトのように子プロセスを生成することはありません。

選択肢Aも選択肢Bも、解釈実行するための子シェルを新たに生成します。

組み込みコマンドdeclareは変数を宣言したり、整数を格納する変数、トレース可能な関数など、変数や関数に属性を与えたりできます。また、変数の属性や値は表示できますが、関数の定義はできません。

《答え》C

問題 1-7

重要度《★★★》 □□□

実行すると、"Hello"と表示する関数func1を定義したい場合、適切なものを1つ選択してください。

- **A.** function func1(){ echo Hello;}
- **B.** func func1(){ echo Hello;}
- **C.** function func1(echo Hello;)
- **D.** func func1(echo Hello)

《解説》関数はfunctionコマンドで定義します。

構文 `function 関数名 () { 実行するコマンドのリスト }`

実行例

```
$ function func1(){ echo Hello;}
$ func1
Hello
```

《答え》 A

問題 1-8

重要度《★★★》

シェル内のすべての変数と関数を表示するにはどうすればよいですか？　3文字のコマンドを記述してください。

《解説》 シェル内のすべての変数と関数を表示するにはsetコマンドあるいはdeclareコマンドを実行します。この問題では3文字のコマンドと指定されているのでsetが正解です。

setコマンドの実行例（抜粋）

```
$ set
ARCH=x86_64
BASH=/bin/bash
func1 ()
{
      echo Hello
}
```

declareは-fオプションを付けると関数のみ表示します。

declare -fの実行例（抜粋）

```
$ declare -f
func1 ()
{
      echo Hello
}
```

《答え》 set

問題 1-9

重要度《★★☆》

シェル変数FILEを環境変数にしましたが、子プロセスに引き継がないことにしました。ただしシェル変数としてはそのまま使いたい場合、環境変数FILEのみを削除するコマンドを、必要なオプション、引数をすべて付けて記述してください。

《解説》 環境変数としては削除し、シェル変数としてはそのまま残すにはexportコマンドに-nオプションを付けて実行します。
コマンド「unset FILE」を実行しても削除できますが、環境変数だけでなく、シェル変数も削除されます。

《答え》 export -n FILE

問題 1-10

重要度《★★★》 □□□

aliasの目的として適切なものはどれですか？　1つ選択してください。

A. 入力するコマンドラインを短くするため
B. コマンドの検索をすばやく行うため
C. 環境変数を設定するため
D. テキストファイルに別名を設定するため

《解説》 aliasはコマンドに任意の別名を付け、別名でコマンドを実行できるようにします。例えばコマンドとオプションを1つにまとめ短い別名を付けておくことでタイピング量を減らすことができます。

実行例

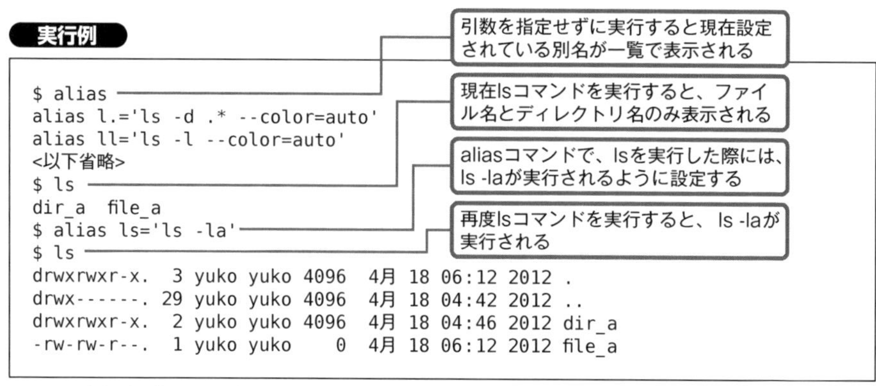

```
$ alias
alias l.='ls -d .* --color=auto'
alias ll='ls -l --color=auto'
<以下省略>
$ ls
dir_a  file_a
$ alias ls='ls -la'
$ ls
drwxrwxr-x.  3 yuko yuko 4096  4月 18 06:12 2012 .
drwx------. 29 yuko yuko 4096  4月 18 04:42 2012 ..
drwxrwxr-x.  2 yuko yuko 4096  4月 18 04:46 2012 dir_a
-rw-rw-r--.  1 yuko yuko    0  4月 18 06:12 2012 file_a
```


コマンドとオプションを1つにまとめて別名を付ける場合は、シングルクォーテーション(')で囲みます。また、別名を削除する場合は、unaliasコマンドを使用します。

《答え》 A

問題 1-11

重要度《★☆☆》

lsのaliasを一時的に解除して実行する方法は次のうちどれですか？　1つ選択してください。

A. \ls　**B.** bash --noalias -c ls
C. ls --noalias　**D.** unalias ls

《解説》 \をコマンドに付けて実行すると、一時的にaliasを解除します。次のコマンドからはまたalias設定が有効になります。
選択肢Dのようにunaliasコマンドを実行するとalias設定が削除されます。再設定しないとそれ以降はalias設定は使えません。
選択肢B、Cのような--noaliasオプションは存在しません。

《答え》 A

問題 1-12

重要度《★★★》

bashのプロンプトで次のコマンドを実行すると何が表示されますか？　1つ選択してください。

```
echo $$
```

A. bashを生成した親プロセスのプロセスID
B. bashが生成した子プロセスのプロセスID
C. bash自身のプロセスID
D. 最後に実行したコマンドの終了ステータス
E. 最後に実行したコマンド

《解説》 シェル変数$$にはシェル自身のプロセスIDが格納されています。$$の他にも、シェルやその引数の情報を格納する特殊な変数が定義されています。

特殊なシェル変数

特殊なシェル変数	説明
$$	シェルのPID
$?	最後に実行したコマンドの終了値
$#	引数の個数
$*	区切り文字(デフォルトは空白文字)で区切られたすべての引数
$0	実行ファイル名
$1, $2, ...	1番目の引数, 2番目の引数, ...

《答え》 C

問題 1-13

重要度《★★★》 □□□

コマンドが正常終了した時に返す値を記述してください。

《解説》 コマンドが終了値として返す値はそれぞれのコマンドの中で指定されています。POSIX (Portable Operating System Interface) ではコマンド成功の場合は0を返し、失敗の場合は0以外を返すと定められていて、POSIX準拠のLinuxコマンドはこれに従っています。コマンドの返り値は「man コマンド名」で調べることができます。

参考

プログラムを作成する時に終了値をPOSIX準拠にするにはヘッダファイル/usr/include/stdlib.hのマクロを利用することが推奨されています。
POSIXはIEEEによって定められたオペレーティングシステム間の互換性のための規格です。システムコール、ライブラリ、シェル、ユーティリティなど、多岐に渡って定義しています。IEEEとOpenGROUPのWebサイトに掲載されています(参考URL：http://pubs.opengroup.org/onlinepubs/9699919799/)。

stdlib.h の抜粋

```
#define EXIT_FAILURE    1       /* Failing exit status.  */
#define EXIT_SUCCESS    0       /* Successful exit status.  */
```

コマンドの終了値については、問題1-25の解説も参照してください。

《答え》 0

問題 1-14

重要度《★★★》 □□□

標準的なシェルスクリプトの1行目にはどのように書かれていますか？　1つ選択してください。

A. !#/bin/sh　　**B.** #!/bin/sh
C. #/bin/sh　　**D.** !/bin/sh

《解説》 シェルスクリプトではファイルの1行目は#!で始まり、その後にプログラムを解釈実行するインタプリッタのパスを書きます（これはスクリプトをコマンドとして実行した場合です。シェルの引数として与えられた場合は、解釈実行するのはそのシェル自身であり、#!で始まる1行目はコメントとして無視されます）。
標準的なBourneシェルスクリプトの場合は、「#!/bin/sh」と書きます。
シェルスクリプトだけでなく他の言語のスクリプトの場合も同様の記述でインタプリッタを指定します。

スクリプト1行目の例

インタプリッタ	1行目の記述
Bourneシェル	#!/bin/sh
bash	#!/bin/bash
perl	#!/usr/bin/perl
python	#!/usr/bin/python

《答え》 B

問題 1-15

重要度《★★★》 □□□

シェルスクリプトの1行目には#!の次にバイナリコマンドのフルパスが書いてあります。このバイナリコマンドはどのような役割をしていますか？　1つ選択してください。

A. スクリプトを解釈して実行する
B. スクリプトをコンパイルする
C. スクリプトをコンパイルして実行する
D. スクリプトが生成するバイナリのパスを指定する

《解説》 スクリプトをコマンドとして実行した場合は、1行目の#!の次に書かれたコマンドがスクリプトを解釈実行するインタプリッタとなります。
子シェルを生成して、子シェルにスクリプトを解釈実行させることもできます。ドット「.」あるいはsourceコマンドの引数にシェルスクリプトのファイル名を指定して、自身のシェルの内部で解釈実行させることもできます。

実行例

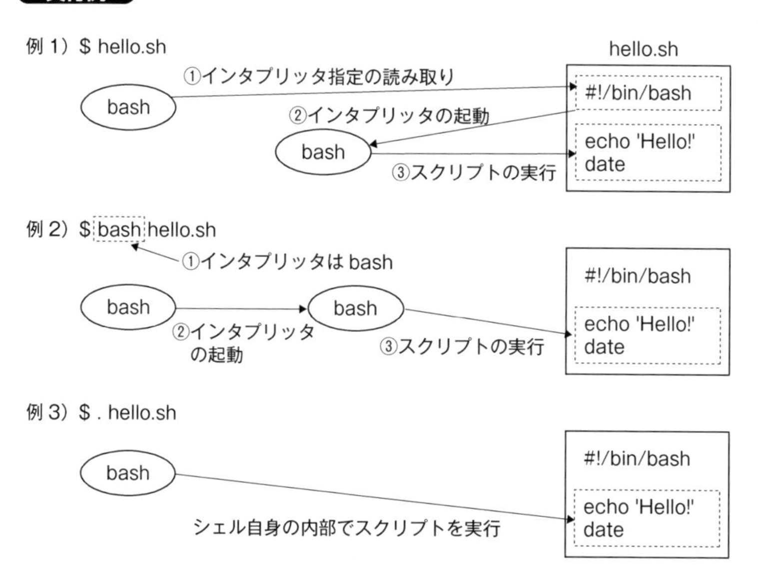

《答え》 A

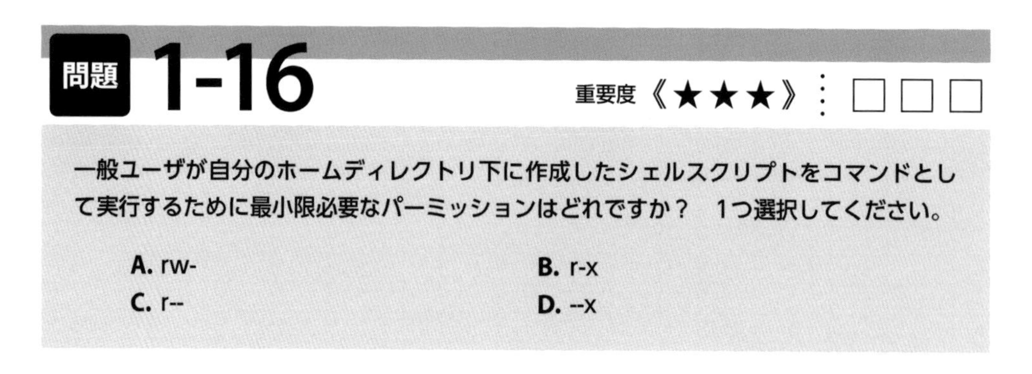

問題 1-16

重要度《★★★》 □□□

一般ユーザが自分のホームディレクトリ下に作成したシェルスクリプトをコマンドとして実行するために最小限必要なパーミッションはどれですか？　1つ選択してください。

A. rw-　　**B.** r-x
C. r--　　**D.** --x

《解説》 バイナリ形式のコマンドは実行権のみで実行できますが、シェルスクリプトの場合は読み込み権限もないと実行できません。
なお、シェルスクリプトの場合は、「bash sample.sh」のようにしてシェルの引数として指定すれば、実行権がなくても読み込み権さえあれば実行できます。

《答え》 B

問題 1-17

重要度《★★★》

次のシェルスクリプトscript-args.bashを「./script-args.bash a b c」として実行した時に表示される結果はどれですか？　1つ選択してください。

script-args.bash

```
#!/bin/bash
echo $0 $1 $2
```

A. ./script-args.bash a b
B. ./script-args.bash a b c
C. a b
D. a b c

《解説》 問題1-12の解説の表のとおり、$0には実行ファイル名が、$1には1番目の引数が、$2には2番目の引数が、$NにはN番目の引数が入ります。したがって、選択肢Aが正解です。
$3にはcが入りますが、シェルスクリプトの中のechoコマンドの引数には指定されていないので表示されません。したがって、選択肢Bは誤りです。

《答え》 A

問題 1-18

重要度《★★☆》

次のシェルスクリプトscript-shift.bashを「 ./script-shift.bash a b c d」として実行した時に最初に表示される値はどれですか？　1つ選択してください。

script-shift.bash

```
#!/bin/bash
while [ $# -gt 0 ]
do
   shift
   echo $2
done
```

A. a
B. b
C. c
D. d

解説》 シェルの組み込み関数shiftはN番目の引数の値をN-1番目の引数に移動します。実行ファイル名が入る$0はshiftの対象にはなりません。
この問題ではwhile文の中は次のように処理されます。

●1回目のshift
$1←$2の値b、$2←$3の値c、$3←$4の値d、そして$4はなくなり、引数の個数$#の値は3になる

●2回目のshift
$1←$2の値c、$2←$3の値d、そして$3はなくなり、引数の個数$#の値は2になる

●3回目のshift
$1←$2の値d、そして$2はなくなり、引数の個数$#の値は1になる

●4回目のshift
$1はなくなり、引数の個数$#の値は0になる

これでwhile文は終了します。
1回目のshiftの後の$2の値はcで、これが最初に表示されるので、選択肢Cが正解です。

《答え》 C

問題 1-19

重要度《★★★》 □□□

次のシェルスクリプトは、実行ユーザのホームディレクトリの下に.bashrcがあるかどうかを調べて、存在すれば、「~/.bashrc exists!」と表示するプログラムです。＿＿にあてはまる制御文を記述してください。

シェルスクリプト

```
if [ -f ~/.bashrc ]; then
   echo  '~/.bashrc exists!'
____________________
```

《解説》 この問題ではif文の中で「[」コマンドにより通常ファイル~/.bashrcが存在するかどうかを調べて、あればechoコマンドにより「~/.bashrc exists!」と表示します。
if文を使うと条件分岐ができます。

if構文
```
if コマンド1
  コマンド2
fi
```

コマンド1の実行結果によって、コマンド2の実行の有無が判定されます。ifに続くコマンド1を実行し、終了値が0であればコマンド2を実行します。終了値が0でなければコマンド2は実行されずにif文を終了します。
この問題のように、ifに続くコマンド1には条件判定のためにtestコマンド(/usr/bin/test)あるいは「[」コマンド(/usr/bin/[)を使用することができます。

test構文 **test 条件式**

「[」構文 **[条件式]**

testコマンドあるいは「[」コマンドの条件式では、値の比較やファイルの存在の有無を調べることができます。

条件式

主な条件式	説明
-d ファイル名	ファイルが存在し、ディレクトリファイルなら真
-e ファイル名	ファイルが存在すれば真
-f ファイル名	ファイルが存在し、通常ファイルなら真
-x ファイル名	ファイルが存在し、実行可能なら真
-n 文字列	文字列の長さが0より大きければ真
-z 文字列	文字列の長さが0であれば真
文字列1 = 文字列2	文字列1と文字列2が等しければ真
文字列1 != 文字列2	文字列1と文字列2が等しくなければ真
整数1 -eq 整数2	整数1と整数2が等しければ真
整数1 -ge 整数2	整数1が整数2より大きいか等しければ真
整数1 -gt 整数2	整数1が整数2より大きければ真
整数1 -le 整数2	整数1が整数2より小さいか等しければ真
整数1 -lt 整数2	整数1が整数2より小さければ真
整数1 -ne 整数2	整数1と整数2が等しくなければ真

実行例

```
$ test "Linux" = "Unix"
$ echo $?
1
$ [ "Linux" != "Unix" ]
$ echo $?
0
```

コマンドの終了値については、問題1-13と問題1-25の解説を参照してください。

《答え》 fi

問題 1-20

重要度《★★★》

次のようなファイル/dev/sda1とシェルスクリプトmyprogがあります。「./myprog /dev/sda1」を実行するとどのように表示されますか？　1つ選択してください。

/dev/sda1

```
$ ls -l /dev/sda1
brw-rw---- 1 root disk 8, 1  6月 13 00:30 2015 /dev/sda1
```

myprog

```
#!/bin/bash
if test -d $1;then
    echo "-d is true";exit
elif test -f $1;then
    echo "-f is true";exit
elif test -e $1;then
    echo "-e is true"
fi
```

A. 「-d is true」と表示される

B. 「-f is true」と表示される

C. 「-e is true」と表示される

D. 何も表示されない

《解説》「./myprog /dev/sda1」を実行するとシェルスクリプトmyprogの$1には/dev/sda1が代入されます。この後、/dev/sda1に対して「test -d /dev/sda1」、「test -f /dev/sda1」、「test -e /dev/sda1」が順にチェックされます。/dev/sda1はブロックデバイスファイルなので、問題1-19の解説の条件式の表にあるとおり、「test -d /dev/sda1」および「test -f /dev/sda1」の結果はfalse（偽）となり、「test -e /dev/sda1」はtrue（真）となります。したがって、選択肢Cが正解です。

《答え》C

問題 1-21

重要度《★★★》

次のシェルスクリプトの中で、____の部分に必要なものを記述してください。

シェルスクリプト

```
#!/bin/sh
for i in 1 2 3 4 5
________________
        echo $i
done
```

《解説》 for文を使うとコマンドを繰り返し実行できます。

for構文
```
for シェル変数 in 値のリスト
do
    コマンド
done
```

inの後のリストの要素が順番にforの後のシェル変数に格納され、そのたびにコマンドが実行されます。次のリストの要素がなくなるとforループは終了します。したがってリストの要素の数だけ繰り返しが行われます。

この問題では正解のdoが指定されていれば、次のように処理が行われます。

1回目のループではシェル変数iに1が格納されて、echo $iの実行により1が表示されます。2回目のループではシェル変数iに2が格納されて、echo $iの実行により2が表示されます。同じように3回目、4回目のループが実行され、5回目のループで最後の要素5が表示され、その後、forループは終了します。

《答え》 do

問題 1-22

重要度《★★★》 □□□

以下のコマンドによる処理はどのような出力を生成しますか？　1つ選択してください。

シェルスクリプト

```
n=1
while [ $n -le 5 ]
do
    echo -n $n
    let "n=n+1"
done
```

A. 12345　　**B.** 23456
C. 1234　　**D.** 何も表示されない

《解説》 while文を使うとコマンドを繰り返し実行できます。

while 構文

```
while コマンド1
do
    コマンド2
done
```

コマンド1が終了値0を返す間はコマンド2を繰り返し実行します。
問題のスクリプトでは、シェル変数nに初期値1を設定した後、コマンド[$n -le 5]が終了値0を返す間は「echo -n $n;let "n=n+1"」を繰り返します。
nの値が5まではコマンド[$n -le 5]の終了値は0ですが、nの値が6になると終了値1を返すのでwhileループは終了します。
次の実行例は問題文のコマンド1の、nの値が5の場合と6の場合の終了値を表示しています。

実行例

```
$ [ 5 -le 5 ];echo $?
0
$ [ 6 -le 5 ];echo $?
1
```

したがって、問題文の処理を実行すると12345が表示されることになります。echoの-nは改行を出力しないオプションです。letコマンドは与えられた引数を計算式として評価します。

実行例

```
$ let n=1+2;echo $n
3
```

《答え》 A

問題 1-23

重要度《★★★》

次のシェルスクリプトを実行したとき、シェル変数a、b、cにはどのような値が格納されますか？　1つ選択してください。

シェルスクリプト

```
read a b c <<END
1 2 3 4 5 6
END
```

A. aに1、bに2、cに3456
B. aに1、bに2、cに3
C. aに1234、bに5、cに6
D. 文法エラーとなる

《解説》 readはbashの組み込みコマンドです。readコマンドは標準入力から1行を読み込み、引数で指定したシェル変数に値を格納します。
「第1部 101試験」の第1章で解説したヒアドキュメントを使って入力をしています。この問題のようにシェル変数が複数指定された場合は、区切り文字（この場合は空白）で区切られた値を順番にシェル変数に格納します。最後のシェル変数に残りのすべてが区切り文字（空白）で区切られて格納されます。この問題の例ではcの値は「3 4 5 6」となります。

《答え》 A

問題 1-24

重要度《★★★》 □□□

「seq 10」を実行するとどうなりますか？　適切なものを1つ選択してください。

A. 10秒ごとに1を増分して表示する
B. 停止するまで、10の増分で数を表示する
C. 10ずつ増分して表示する
D. 1ずつ増分して1から10まで表示する

《解説》 seqコマンドは問題文のように引数として整数値を1つ指定するとそれを終了値とし、開始値1から終了値までを+1しながら表示します。

構文 **seq 終了値**
seq 初期値 終了値
seq 初期値 増分 終了値

実行例

```
$ seq 3
1
2
3
$ seq 4 -2 0
4
2
0
```

次のように、seqコマンドをfor文で使用すると便利です。 1から10までの値の合計値を計算します。

実行例

```
$ n=0;for i in `seq 10`;do let "n=n+i";done; echo $n
55
```

《答え》 D

問題 1-25

重要度《★★★》

bashスクリプトの中でコマンドが正常終了したことを確認したい場合、適切な方法はどれですか？　1つ選択してください。

A. $exitを確認
B. $statusを確認
C. 正常終了値0を確認
D. 正常終了値1を確認

《解説》 最後に実行したコマンドの終了値は、 bashなどBourneシェル互換のシェルではシェル変数$?に格納されています。終了状態は、$?の値を調べて確認することができます。Portable Operating System Interface（POSIX）ではコマンド成功の場合は0を返し、失敗の場合は0以外を返すと定められていて、 POSIX準拠のLinuxコマンドはこれに従っています。問題1-13の解説も参照してください。
次の実行例は、 trueおよびfalseコマンドを実行してその終了値を確認しています。trueコマンドは0を返します。

実行例

```
$ true
$ echo $?
0
```

falseコマンドは1を返します。

実行例

```
$ false
$ echo $?
1
```

bashにexitというシェル変数はないので選択肢Aは誤りです。なお、プロセスを終了する組み込みコマンドであるexitはあります。
statusはCシェルのシェル変数であり、 bashにはないので選択肢Bは誤りです。

《答え》 C

問題 1-26

重要度《★★★》 □□□

SQLデータベースにLPICの試験一覧を格納したテーブルlpicがあります。テーブルに格納された試験のレコードをすべて表示すると次のようになりました。実行したSQLコマンドはどれですか？　1つ選択してください。

```
+---------+-------+-----------+
| exam_id | level | exam_name |
+---------+-------+-----------+
|       0 | level1 | lpi101    |
|       1 | level1 | lpi102    |
|       2 | 2      | lpi201    |
|       3 | 2      | lpi202    |
+---------+-------+-----------+
```

A. select lpic;

B. select * from lpic;

C. desc lpic;

D. describe lpic;

《解説》テーブルからレコードを検索するにはselect文を使用します。

構文 `select 列名1, 列名2, ... from テーブル名 where 検索条件`

列名にアスタリスク(*)を指定するとすべての列が表示されます。検索条件を指定するwhere句を付けないと、すべてのレコードが対象となります。

参考

Linuxディストリビューションではオープンソースの代表的なデータベースとして、MariaDB、MySQL、PostgreSQLがあります。MariaDBはMySQLから分岐し、GPLライセンスをベースとして開発、配布されているフリーソフトウェアです。MySQLを開発したMichael Widenius氏を中心として開発されています。主要なLinuxディストリビューション(例：CentOS7、Fedora21、SLES12、Ubuntu15.04)では標準パッケージとして提供されています。

- **MariaDB**：クライアントパッケージmariadb(ディストリビューションによってはmariadb-client)、サーバパッケージmariadb-server
- **MySQL**：クライアントパッケージmysql(ディストリビューションによってはmysql-client)、サーバパッケージmysql-server
- **PostgreSQL**：クライアントパッケージpostgresql(ディストリビューションによってはpostgresql-client)、サーバパッケージpostgresql-server

《答え》B

問題 1-27

重要度《★★★》 □□□

問題1-26のlpicテーブルのexam_id列とexam_name列の値を取り出して表示するSQLコマンドはどれですか？　1つ選択してください。

A. show exam_id, exam_name from lpic;
B. show exam_id exam_name from lpic;
C. select exam_id, exam_name from lpic;
D. select exam_id exam_name from lpic;

《解説》 問題1-26の解説のとおり、テーブルからレコードを検索するにはselect文を使用し、複数の列を検索する場合はカンマ「,」で区切ります。

実行例

```
mysql> select exam_id,exam_name from lpic;
+---------+-----------+
| exam_id | exam_name |
+---------+-----------+
|       0 | lpi101    |
|       1 | lpi102    |
|       2 | lpi201    |
|       3 | lpi202    |
+---------+-----------+
4 rows in set (0.00 sec)
```

《答え》 C

問題 1-28

重要度《★★★》 □□□

問題1-26のlpicテーブルのレコード数をカウントするSQLコマンドはどれですか？　1つ選択してください。

A. select count(*) from lpic;
B. select count() from lpic;
C. show count(*) from lpic;
D. show count() from lpic;

《解説》 問題1-26の解説のとおり、テーブルからレコードを検索するにはselect文を使用します。
レコード件数をカウントするにはcount関数を使用します。

構文 **count(列名)**

count関数は引数で指定した列名の値がNULL以外のレコード件数を返します。引数にアスタリスク「*」を指定すると、NULLを含むすべてのレコード件数を返します。

実行例

```
mysql> select count(*) from lpic;
+----------+
| count(*) |
+----------+
|        4 |
+----------+
1 row in set (0.00 sec)
```

《答え》 A

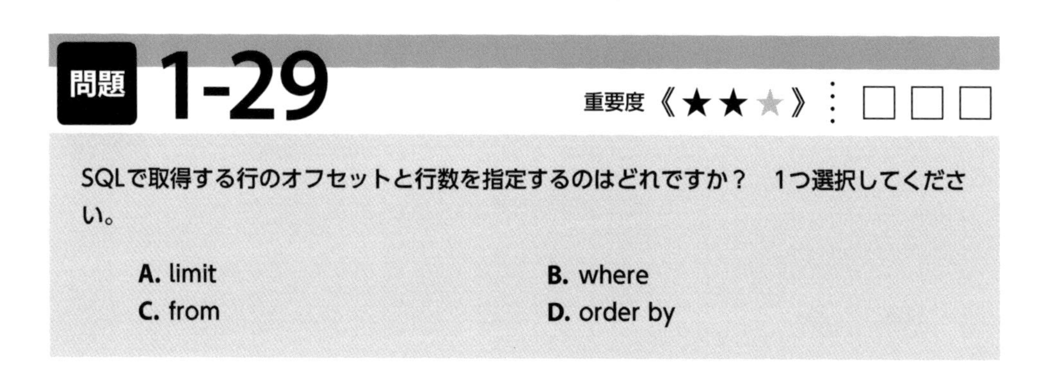

問題 1-29

重要度《★★☆》

SQLで取得する行のオフセットと行数を指定するのはどれですか？　1つ選択してください。

A. limit　　**B.** where

C. from　　**D.** order by

《解説》 取得する行のオフセットと行数を指定するにはlimit句を使用します。

MySQL構文の例 **select 列名1,列名2, ... from テーブル名 limit [オフセット] 行数**

オフセットを省略した場合の値は0となります。

次の例では問題1-26のlpicテーブルの先頭の2行を表示しています。

実行例

```
mysql> select * from lpic limit 0,2;
+---------+--------+-----------+
| exam_id | level  | exam_name |
+---------+--------+-----------+
|       0 | level1 | lpi101    |
|       1 | level1 | lpi102    |
+---------+--------+-----------+
2 rows in set (0.00 sec)
```

《答え》 A

問題 1-30

重要度《★★★》 □□□

問題1-26のlpicテーブルからlevel1の試験名exam_nameだけを抽出して表示したい場合、下線部を埋める適切なものはどれですか？　1つ選択してください。

select exam_name from lpic ________ ;

A. level='level1'
B. order by exam_id desc
C. where level='level1'
D. group by level

《解説》 検索条件を指定する場合はwhere句を使います。この問題の場合は、「列名=値」の形式で指定します。したがって、選択肢Cが正解です。
選択肢Bのorder by句はbyで指定された列名の値でソートします。昇順はasc(ascend)、降順はdesc(descend)を指定します。デフォルトは昇順です。
選択肢Dのgroup by句はbyで指定された列名の値でグループ化します。

実行例

```
mysql> select * from lpic where level='level1';
+---------+--------+-----------+
| exam_id | level  | exam_name |
+---------+--------+-----------+
|       0 | level1 | lpi101    |
|       1 | level1 | lpi102    |
+---------+--------+-----------+
2 rows in set (0.00 sec)
```

《答え》 C

問題 1-31

重要度《★★★》 □□□

以下のテーブルlpic_feeがある時、 levelごとにexam_feeの値を集計して表示するSQLコマンドはどれですか？　1つ選択してください。

```
+----------+-------+------------+---------+
| course_id | level  | cource_name | exam_fee |
+----------+-------+------------+---------+
|         0 | level1 | lpi101      |   15000 |
|         1 | level1 | lpi102      |   15000 |
|         2 | level2 | lpi201      |   15000 |
|         3 | level2 | lpi202      |   15000 |
|         4 | level3 | lpi300      |   30000 |
|         5 | level3 | lpi303      |   30000 |
|         6 | level3 | lpi304      |   30000 |
+----------+-------+------------+---------+
```

A. select level,count(*) from lpic_fee where exam_fee;
B. select level,count(exam_fee) from lpic_fee order by level;
C. select level,sum(*) from lpic_fee group by level;
D. select level,sum(exam_fee) from lpic_fee group by level;

《解説》 同じ列内で同じ値を持つレコードをグループ化するにはgroup by句を使用します。グループ化したレコードの件数や値を集計するには集計関数を使用します。
本問題ではlevel列のレコードをgroup by句でグループ化します。グループ化したレコードのexam_fee列の値を集計するには集計関数sum()を使用します。 sum()の引数には集計する列名exam_feeを指定し、 sum(exam_fee)とします。したがって、選択肢Dが正解です。

主な集計関数

主な集計関数	説明
count()	レコード数(行数)をカウントする
sum()	合計を求める
avg()	平均値を求める
max()	最大値を求める
min()	最小値を求める

次の実行例では、 level列の値ごとにexam_feeの値を集計して表示しています。

実行例

```
mysql> select level,sum(exam_fee) from lpic_fee group by level;
+----------+-----------------+
| level    | sum(exam_fee) |
+----------+-----------------+
| level1 |          30000 |
| level2 |          30000 |
| level3 |          90000 |
+----------+-----------------+
```

また、次の例ではlevel列の値ごとにレコード数を集計して表示しています。

実行例

```
mysql> select level,count(*) from lpic_fee group by level;
+----------+-----------------+
| level    |    count(*)     |
+----------+-----------------+
| level1 |               2 |
| level2 |               2 |
| level3 |               3 |
+----------+-----------------+
```

《答え》D

問題 1-32

重要度《★★★》 □□□

問題1-26のlpicテーブルにレコード(exam_id → 4、level → level3、exam_name → lpi301)を追加したい場合、下線部の2箇所にあてはまる適切なコマンドと句はどれですか？　1つ選択してください。

______ into lpic ______('4', 'level3', 'lpi301');
　①　　　　　　　　②

A. ①create、②where
B. ①insert、②values
C. ①add、②values
D. ①append、②where

《解説》テーブルへのレコードの挿入にはinsertコマンドを使用します。

構文 `insert into テーブル名 values(値1, 値2, ...)`

valuesの括弧「()」の中に、カンマで区切って各列の値を指定します。

《答え》B

問題 1-33

重要度《★★☆》 □□□

問題1-26のlpicテーブルのlevelの値が'2'のレコードのlevelの値を'level2'に変更したい場合、下線部を埋める適切な句を記述してください。

update lpic ________ level='level2' where level='2';

《解説》 テーブルのレコードの更新にはupdateコマンドを使用します。

構文 `update テーブル名 set 列名=値 where 検索条件`

更新内容は、 set句の後に「列名=値」で指定します。更新するレコードの検索条件を指定する場合はwhere句を使います。この問題の場合は、「列名=値」の形式で指定しています。検索条件を指定するwhere句を付けないと、すべてのレコードが対象となります。

《答え》 set

問題 1-34

重要度《★☆☆》 □□□

問題1-26のlpicテーブルのexam_nameの値がlpi101のレコードを削除したい場合、下線部を埋める適切なコマンドはどれですか？　1つ選択してください。

________ from lpic where exam_name='lpi101';

A. delete　　**B.** remove
C. drop　　**D.** revoke

《解説》 テーブルのレコードの削除にはdeleteコマンドを使用します。

構文 `delete from テーブル名 where 検索条件`

削除するレコードの検索条件を指定する場合はwhere句を使います。この問題の場合は、「列名=値」の形式で指定しています。検索条件を指定するwhere句を付けないと、すべてのレコードが対象となります。

《答え》 A

X Window System

2章

本章のポイント

❖X11の構成と設定

Linuxのグラフィカル・ユーザ・インタフェース（GUI）はX Window Systemによって提供されます。

XあるいはX11とも呼ばれるX Window Systemの構成要素、設定ファイル、起動シーケンス、管理コマンド、さらにX Window Systemの上で利用できるGNOME、KDEなどの統合デスクトップ環境について理解します。

重要キーワード

ファイル：xorg.conf、xinitrc、Xclients

コマンド：startx、Xorg、xinit、twm、metacity、kwin、xfs、xdpyinfo、xmodmap、xwininfo

❖ディスプレイマネージャの設定

ディスプレイマネージャはグラフィカルなログイン画面を表示し、ログインセッションを管理し、XサーバとXクライアントを起動するプログラムです。

主要なディスプレイマネージャとその設定ファイル、ログイン画面のカスタマイズ方法を理解します。

重要キーワード

ファイル：xdm-config、Xsetup、Xsession、Xresources

コマンド：xdm、gdm、kdm、lightdm

❖アクセシビリティ

Linuxではシステムへのアクセスを可能にする、あるいは容易にするためのアクセシビリティを提供するソフトウェアがあります。スクリーンリーダー、オンスクリーンキーボード、拡大鏡などのアプリケーションについて理解します。

重要キーワード

コマンド：orca、gok、emacspeak

その他：スティッキー・キー、スロー・キー、バウンス・キー

問題 2-1

重要度《★★★》

ウインドウシステムのサーバとして/usr/bin/Xorgを持つシステムがあります。ランレベル3からランレベル5に切り替えた時どのようになりますか？　1つ選択してください。

A. グラフィカルログイン画面が表示される
B. テキストログイン画面が表示される
C. ユーザの選択したウインドウマネージャが立ち上がる
D. ウインドウシステムが立ち上がるがテキストモードで操作できなくなる

《解説》 Linuxのグラフィカル・ユーザ・インタフェース（GUI）はX Window Systemによって提供されます。X Window Systemは「X11」あるいは単に「X」とも呼ばれます。1984年にマサチューセッツ工科大学が開発し、現在はX.Org Foundationが中心になって開発しています。

Xはネットワーク型のウインドウシステムであり、XサーバとXクライアントから構成されます。XサーバとXクライアントはXプロトコルで通信するので、XサーバとXクライアントが異なったアーキテクチャを持つハードウェア/オペレーティングシステム上にあっても動作します。

X Window System の構成

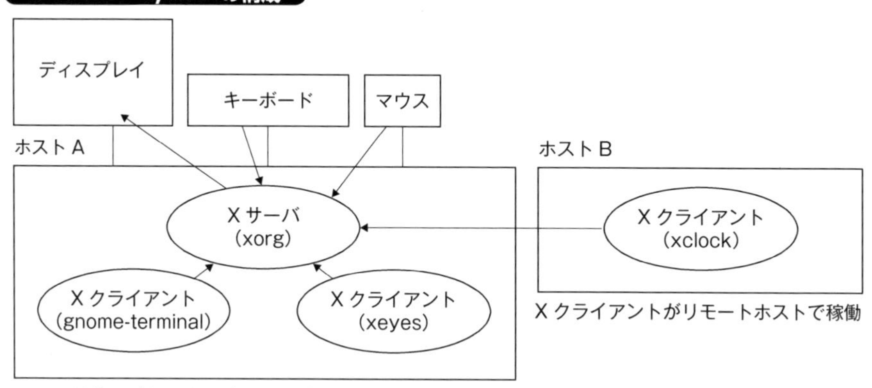

X サーバ：ディスプレイ、キーボード、マウスといった入出力デバイスを制御する。X クライアントからのリクエストを受けてディスプレイに表示を行い、キーボード / マウスの入力を X クライアントに送信する
X クライアント：ユーザが利用する、X サーバのサービスを受けるアプリケーション

ランレベル5に切り替えた場合はディスプレイマネージャによりグラフィカルログイン画面が表示されます。ディスプレイマネージャはXサーバである/usr/bin/Xorgを起動します。したがって、選択肢Aが正解です。

選択肢Bのように、テキストログイン画面が表示されるのはランレベル3に切り替えた時です。また、選択肢Cのように、ユーザの選択したウインドウマネージャが立ち上がるのは、グラフィカルログイン画面からログインした後、あるいはランレベル3でログインして「startx」コマンドによりXを起動した時です。
ランレベル5に切り替えてXを立ち上げた時も、[Ctrl]+[Alt]+[F1]～[F6]のキー操作でテキストログイン画面を表示することができるので、選択肢Dも誤りです。

参考

2005年12月にX.Org Foundationはそれまでのリリースである X11R6を改訂した新しいX11R7をリリースしました。
X11R7ではX11R6までの一体型の開発システムに代わって、モジュール化された開発システムが採用されています。これにともないX11の各コンポーネントはX11R6までと違ってそれぞれ独自のバージョン番号で管理されます。
また、X11をさらに使いやすいものにするためにX11の上で利用できる統合デスクトップ環境があります。これについては問題2-4で解説します。

《答え》 A

問題 2-2

重要度《★★☆》 □□□

X Window Systemのクライアントの起動シーケンスで最も標準的なものはどれですか？ 1つ選択してください。

A. startx -> xinit -> xinitrc -> Xclients
B. startx -> xinitrc -> xinit -> X
C. xinit -> startx -> startxrc -> Xclients
D. xinit -> startx -> startxrc -> X

《解説》 ランレベル3でログインプロンプト「login:」からログインした後、「startx」コマンドを実行するとX Window Systemが立ち上がります。
「startx」コマンドはシェルスクリプトです。そのシェルスクリプトの中ではXサーバを起動するxinitコマンドが、XクライアントとXサーバを引数として指定されて実行されます。

構文 **xinit [[クライアント] [クライアントオプション] -- [サーバ] [サーバオプション]]**

デフォルトのxinitコマンドの引数は次のようになります。

startx の中での xinit 起動例

```
xinit /etc/X11/xinit/xinitrc -- /usr/bin/X :0 -auth 認可ファイル名
```

なお、ユーザがホームディレクトリの下に.xinitrcや.xserverrcを作成し、カスタマイズすることも可能です。/etc/X11/xinit/xinitrcシェルスクリプトの中から/etc/X11/xinit/Xclientsシェルスクリプトが実行されます。
ユーザがホームディレクトリの下に.Xclientsを作成し、カスタマイズすることも可能です。そしてXclientsの中から、デスクトップ環境GNOMEを開始するgnome-session、あるいはKDEを開始するstartkdeが実行されます。

startx コマンドによる X の起動シーケンス

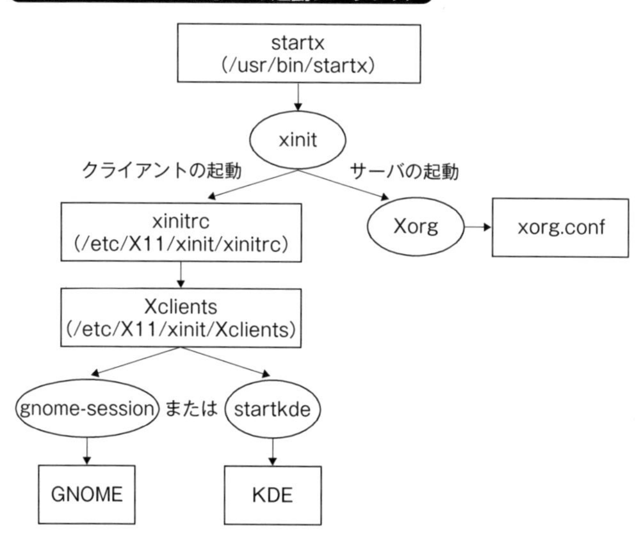

《答え》 A

問題 2-3

重要度《★★☆》 □□□

ランレベル3で立ち上げ、ログインした後startxを実行しました。次に自動的に実行されるプログラムは何ですか？　1つ選択してください。

A. init
B. xinit
C. xinitrc
D. Xorg

《解説》 問題2-2の解説のとおり、startxはその中でxinitコマンドを実行して、XサーバとXクライアントを起動します。

《答え》 B

問題 2-4

重要度《★★★》 □□□

Linuxのウインドウマネージャはどれですか？ 2つ選択してください。

A. gdm
B. xdm
C. metacity
D. kwin
E. GNOME
F. KDE

《解説》 Linuxのウインドウマネージャは、ウインドウのオープン、クローズ、移動、リサイズなどを管理するプログラムです。ウインドウの外枠（フレーム）/ヘッダのデザインもウインドウマネージャによって決められます。
X.Org Foundationが開発するXに含まれているウインドウマネージャはtwmですが、現在の主要なディストリビューションでは、採用している統合デスクトップ環境と親和性の高いウインドウマネージャが使われています。
統合デスクトップ環境はウインドウマネージャ、エディタやメールツールなどのアプリケーション、システム管理ツールなどを統一的なデザインと操作性で提供します。主な統合デスクトップ環境としてGNOMEとKDEがあります。

統合デスクトップ環境

統合デスクトップ環境	
GNOME 標準ディスプレイマネージャ：gdm 標準ウインドウマネージャ：metacity、mutter	KDE 標準ディスプレイマネージャ：kdm 標準ウインドウマネージャ：kwin
X Window System 標準ディスプレイマネージャ：xdm 標準ウインドウマネージャ：twm	

ディスプレイマネージャ：グラフィカルなログイン画面を表示し、X サーバと X クライアントを起動する
ウインドウマネージャ：ウインドウのオープン、クローズ、移動、リサイズなどを管理する

GNOME（GNU Network Object Model Environment）はGNUプロジェクトで開発された、X Window System上で稼働する統合デスクトップ環境です。ウィジェット（widget）と呼ばれるGUIのための部品を集めたツールキットにはGNUで開発されているGTK+を使用しています。ツールキットはライブラリとして提供されます。
GNOMEと親和性の高い標準のウインドウマネージャはGNOME1.xで採用されているenlightenmentあるいはsawfish、GNOME2ではmetacityです。GNOME3の標準のウインドウマネージャはmutterですがmetacityも引き続き使われています。
KDEはKDEコミュニティによって開発された、X Window System上で稼働する統合デスクトップ環境です。ツールキットはトロールテック社で開発され、現在はトロールテック社を買収したノキア社で開発されているQtを使用しています。Qtには商用版とLGPLライセンスのオープンソース版があり、KDEはオープンソース版のQtを使用し

ています。KDEの標準のウインドウマネージャはkwinです。したがって、選択肢CとDが正解です。
選択肢Aのgdm、選択肢Bのxdmはディスプレイマネージャなので誤りです。

Xorg サーバ + twm

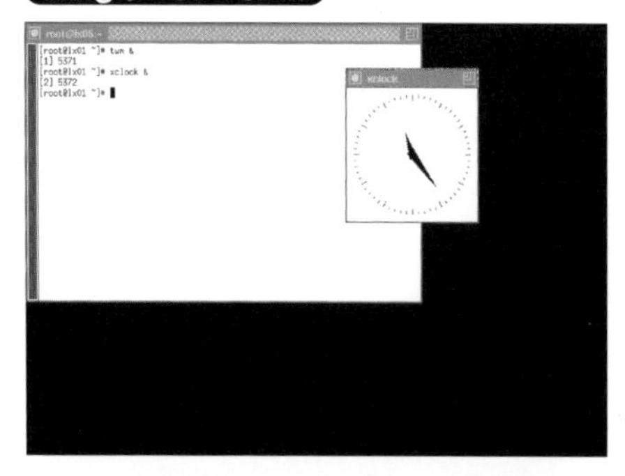

CentOS 7 の GNOME

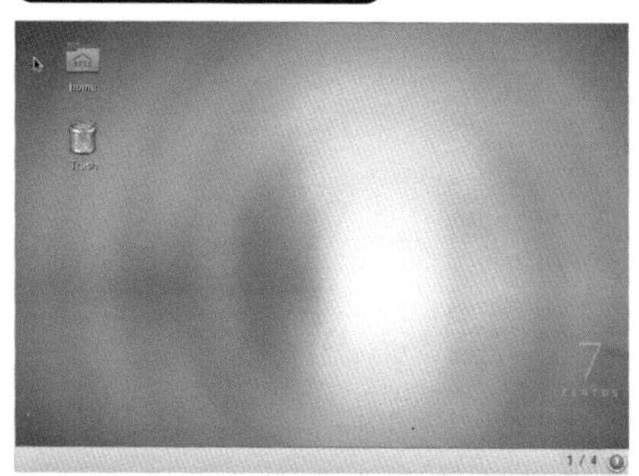

CentOS 7 のデスクトップ選択メニュー

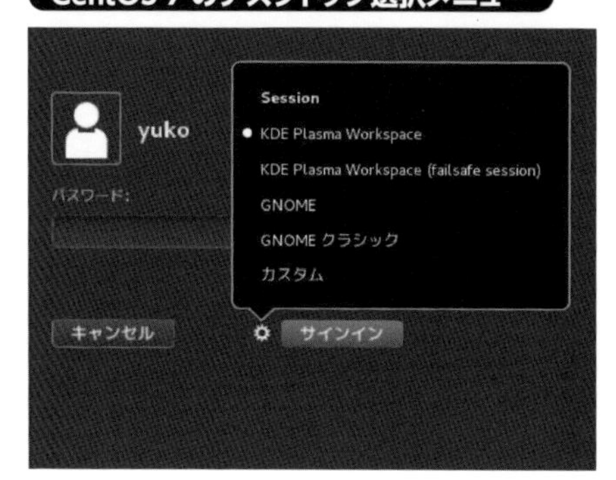

CentOS 7 の KDE

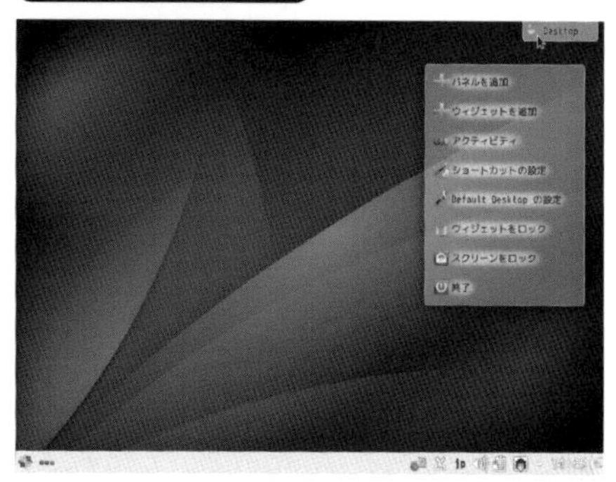

《答え》 C、D

問題 2-5

重要度《★★★》 □□□

Xサーバの色深度(色数)を表示するコマンドはどれですか？　2つ選択してください。

A. xwd
B. xlsclients
C. xdpyinfo
D. xwininfo

《解説》 xdpyinfo (X DisPlaY INFOrmation) コマンドはX Serverについての情報を表示するコマンドです。表示された情報のうち「depth of root window」フィールドで色数を確認できます。

実行例

```
$ xdpyinfo
name of display:    :0.0
version number:    11.0
vendor string:    Red Hat, Inc.
vendor release number:    10707000
maximum request size:  16777212 bytes
.....(途中省略).....
default screen number:    0
number of screens:    1

screen #0:
  dimensions:    1280x800 pixels (339x212 millimeters)
  resolution:    96x96 dots per inch
  depths (7):    24, 1, 4, 8, 15, 16, 32
  root window id:    0xb6
  depth of root window:    24 planes ―― 設定されている色数(24ビットカラー)
  number of colormaps:    minimum 1, maximum 1
  default colormap:    0x20
  default number of colormap cells:    256
  preallocated pixels:    black 0, white 16777215
  options:    backing-store NO, save-unders NO
  largest cursor:    64x64
.....(以下省略).....
```

「depth of root window」の行の表示で、 depth:「1 plane」なら2^1=2で2色(モノクロ)、 depth:「8 planes」なら2^8=256で256色、 depth:「24 planes」なら2^{24}=1677万7216で1677万7216色です。したがって、選択肢Cは正解です。
xwininfoコマンドは、クリックした特定のウインドウの情報を表示することや、「-root」オプションの指定によりルートウインドウの情報を表示することができます。

実行例

```
$ xwininfo -root
xwininfo: Window id: 0x84 (the root window) (has no name)
    Absolute upper-left X:  0
    Absolute upper-left Y:  0
    Relative upper-left X:  0
    Relative upper-left Y:  0
    Width: 1920
    Height: 1080
    Depth: 24 ―― 設定されている色数(24ビットカラー)
.....(以下省略).....
```

したがって、選択肢Dは正解です。
選択肢Aのxwdはスクリーンやウインドウのイメージをファイルに保存するコマンドなので誤りです。選択肢Bのxlsclientsはスクリーンに表示されているアプリケーションの一覧を表示するコマンドなので誤りです。

《答え》 C、D

問題 2-6

重要度《★★☆》 □□□

X Window Systemの解像度を変更するために編集する設定ファイルは何ですか？ 1つ選択してください。

A. Xsetup　　**B.** Xresources
C. xinitrc　　**D.** xorg.conf

《解説》 X Window Systemの解像度を変更するにはxorg.confを編集します。 xorg.confはXサーバであるXorgが参照します。 xorg.confを置くディレクトリは/etc/X11が一般的ですが、 /etc、 /usr/etc/X11、 /usr/lib/X11の下に置いても参照されます。 XサーバXorgの起動時に-configオプションでパスを指定することもできます。

実行例

```
# Xorg -config /etc/X11/Xorg.conf
```

xorg.conf のセクション

主なセクション名	説明
ServerLayout	InputDeviceやScreenの識別名など、全体のレイアウトを記述
Files	フォントのパスなど、ファイルのパス名の記述
InputDevice	キーボードやマウスなど、入力デバイスの記述
Device	ビデオカードのドライバ名など、デバイスの記述
Monitor	垂直、水平周波数などモニタの記述
Screen	解像度、色深度など、スクリーンのコンフィグレーションの記述

xorg.conf の例

```
Section "ServerLayout"
        Identifier     "Default Layout"
        Screen      0 "Screen0" 0 0
        InputDevice    "Keyboard0" "CoreKeyboard"
EndSection

Section "InputDevice"
        Identifier     "Keyboard0"
        Driver         "kbd"
        Option         "XkbModel" "jp106"
        Option         "XkbLayout" "jp"
EndSection

Section "Device"
        Identifier     "Videocard0"
        Driver         "intel"
EndSection
```

```
Section "Screen"
        Identifier      "Screen0"
        Device          "Videocard0"
        DefaultDepth       24
        SubSection      "Display"
                        Viewport 0 0
                        Depth    24
                        Modes    "800x600" "640x480"
        EndSubSection
EndSection
```


参考

Linuxのディストリビューションやバージョンによって、Linuxのインストーラがインストール時にxorg.confを自動生成するものとしないものがあります。xorg.confがない場合は、Xorgは自身の持つデフォルトの設定を使用します。
また、root権限を持つユーザであれば、Xorgに-configureオプションを付けてコマンドとして実行するとxorg.conf.newという設定ファイルが自動生成されます。
これを/etc/X11/xorg.confに移動あるいはコピーして使うこともできます。

実行例

```
# Xorg -configure
```

Xorgの稼働中に実行する場合は「Xorg :1 -configure」のように現在使用しているディスプレイ番号と異なった番号を指定してください。

《答え》 D

問題 2-7

重要度《★★★》 □□□

X Window Systemの設定ファイルで、フォントパスを指定するセクションはどれですか？ 1つ選択してください。

A. Section "Fonts"
B. Section "Device"
C. Section "Files"
D. Section "Screen"

《解説》 フォントパスはxorg.confファイルのFilesセクションの中のFontPathエントリで指定します。エントリは複数指定することもできます。
FontPathの指定がない場合は、Xサーバ自身の持つデフォルトのフォントパスが使用されます。

xorg.conf の Files セクションの例

```
Section "Files"
        FontPath "/usr/share/fonts/default/Type1"
        FontPath "/usr/share/X11/fonts/Type1"
EndSection
```

また、複数のフォントへのシンボリックリンクを持つディレクトリを作成し、それにプレフィックス「catalogue:」を付けて指定することもできます。

設定例

```
$ ls -l /etc/X11/fontpath.d
lrwxrwxrwx. 1 root root 30  7月 24 20:47 2011 fonts-default -> /usr/share/
fonts/default/Type1
lrwxrwxrwx. 1 root root 26  7月 24 20:52 2011 xorg-x11-fonts-Type1 -> /usr/
share/X11/fonts/Type1
$ cat /etc/X11/xorg.conf
.....(途中省略).....
Section "Files"
        FontPath "catalogue:/etc/X11/fontpath.d"
EndSection
.....(以下省略).....
```

また、フォントサーバを指定することもできます。次の問題2-8の解説を参照してください。

《答え》 C

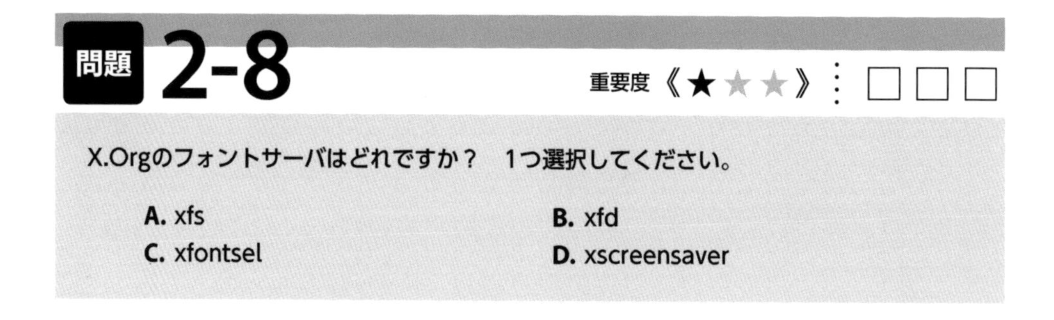

問題 2-8

重要度《★★★》

X.Orgのフォントサーバはどれですか？ 1つ選択してください。

A. xfs　　**B.** xfd

C. xfontsel　　**D.** xscreensaver

《解説》 X.Org Foundationで開発されているフォントサーバはxfs（X font server）です。Xorgはローカルあるいはリモートのxfsのフォントを利用できます。

xfs の概要

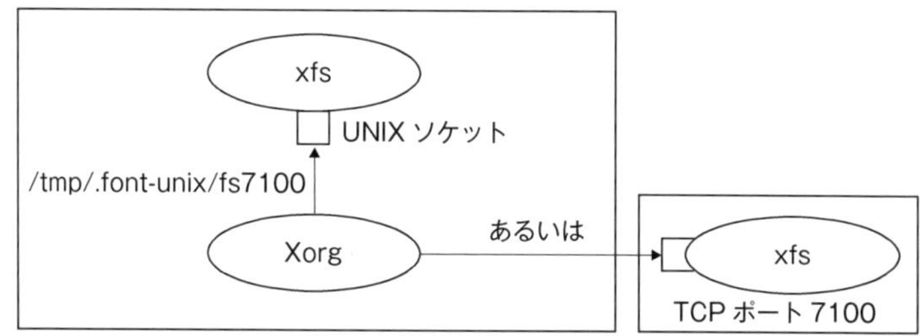

Xサーバでxfsのフォントを利用する場合は、xorg.confのFilesセクションのFontPathエントリで指定します。設定方法は問題2-9で解説します。
xfsのTCP待機ポート番号は7100番です。xfsの設定ファイルである/etc/X11/fs/configの記述でTCP接続を許可する必要があります。

《答え》 A

問題 2-9

重要度《★★★》

フォントサーバのフォントを参照するには、xorg.confファイルにどのように記述しますか？　1つ選択してください。

A. Fonts=servername
B. FontPath="servername"
C. FontPath "unix/:7100"
D. Fonts "unix/:7100"

《解説》 フォントサーバのフォントを利用する場合、xorg.confのFilesセクションに次のように記述します。

xorg.conf の Files セクションの例

```
Section "Files"
        FontPath "unix/:7100"
EndSection
```

上記の記述でフォントサーバxfsのUNIXソケット/tmp/.font-unix/fs7100に接続します。
また、ネットワーク上にあるリモートホストlx01のxfsを利用する場合は次のように記述します。

xorg.conf の Files セクションの例

```
Section "Files"
        FontPath "tcp/lx01:7100"
EndSection
```

《答え》 C

問題 2-10

重要度《★★★》

アプリケーションxclockを2台目のモニタに表示する環境変数の設定はどれですか？ 1つ選択してください。

A. export DISPLAY=:0.0; xclock
B. export DISPLAY=:0.2; xclock
C. export DISPLAY=:0.1; xclock
D. export DISPLAY=:1.0; xclock

《解説》 Xのアプリケーションは環境変数DISPLAYで指定されたディスプレイに表示されます。

DISPLAYの書式 サーバ名:ディスプレイ番号.スクリーン番号

DISPLAY変数

変数の要素	説明
サーバ名	リクエストの送り先のXサーバを指定(省略するとlocalhostになる)
ディスプレイ番号	同じキーボードとマウスを共有するモニタの集合に対して付けられる番号(通常は0)
スクリーン番号	モニタに付けられる番号(0は1台目、1は2台目のモニタを指定)

モニタ2台を接続する例

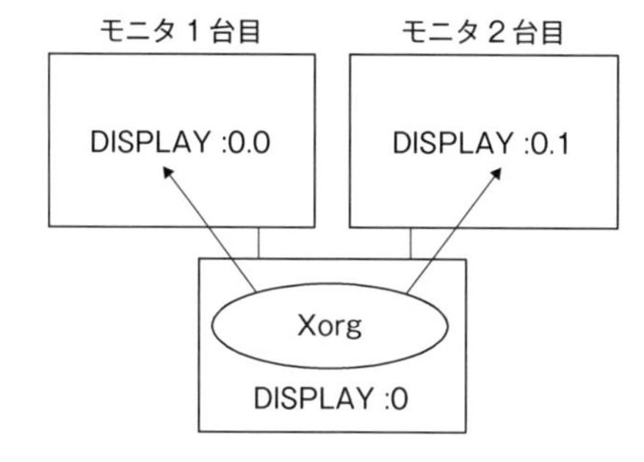

参考

Xorgが起動しているシステムでVNCサーバやXnestなどの仮想スクリーンを提供するXサーバを起動した場合はそれぞれに異なったディスプレイ番号を使用します。

《答え》 C

問題 2-11

重要度《★★★》 □□□

Xサーバへ出力を送るために、Xクライアントで設定をする環境変数はどれですか？ 1つ選択してください。

A. MONITOR　　**B.** XSERVER
C. PAGER　　**D.** DISPLAY

《解説》 問題2-10の解説のとおり、環境変数DISPLAYで出力先のXサーバを指定します。

《答え》 D

問題 2-12

重要度《★★☆》 □□□

ネットワーク上のあるホストのアプリケーションを、多数のユーザがおのおの自分のデスクトップで利用することになりました。Xクライアントからのリクエストを各デスクトップに表示するため、各デスクトップでアクセス制御を無効にしたい場合、そのコマンドを引数を含めて記述してください。

《解説》 問題2-1で解説したように、X Window Systemはネットワーク型のウインドウシステムです。XクライアントはTCP/IP上でXプロトコルによりXサーバのサービスを受けることができます。

- **Xクライアント側の設定：** 環境変数DISPLAYで送り先のXサーバを指定する（問題2-10の解説を参照）
- **Xサーバ側の設定：** xhostコマンドを実行して、クライアントホストからのリクエストを許可する

linux2 上で実行した xclock を linux1 のディスプレイに表示する例

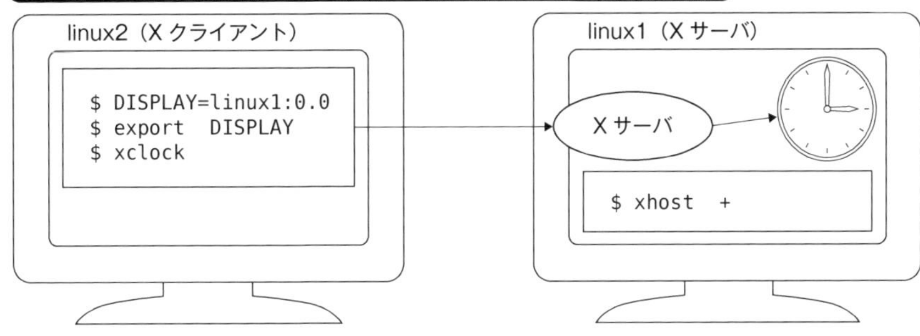

構文 **xhost [[+-]ホスト名のリスト]**

xhostコマンドを引数なしで実行すると、現在の状態が表示されます。

「xhost +ホスト名」を実行すると、指定したホストからのリクエストを許可します。IPアドレスでも指定できます。ホスト名を指定せず、単に+だけを付けるとすべてのホストからのリクエストを許可します。

「xhost -ホスト名」を実行すると、指定したホストからのリクエストを禁止します。IPアドレスでも指定できます。ホスト名を指定せず、単に-だけを付けるとすべてのホストからのリクエストを禁止します。

xhost コマンドの実行例

```
$ xhost +host01 -host02
host01 being added to access control list
host02 being removed from access control list
```

《答え》 xhost +

問題 2-13

重要度《★★★》 □□□

xhostコマンドでXサーバへのアクセス許可を設定することによるセキュリティ上の問題点は何ですか？　適切なものを1つ選択してください。

A. クライアントがサーバプロセスの所有権を持つこと
B. クライアントにサーバのポート番号を知られること
C. クライアントからサーバへのアクセスに制限がなくなること
D. クライアントが認証なしにサーバにアクセスできること

《解説》 xhostでクライアントからXサーバへのアクセスを許可する場合、「xhost +client1 +client2」のようにして、ホスト名/IPアドレスによるアクセス制限を行うことはできます（client1とclient2からのアクセスだけを許可）。しかし、クライアントの認証は行わないので、使用環境によってはセキュリティ上の問題となります。このような場合はxhostによるアクセス許可の設定を行うのではなく、例えば、認証を行うsshのポートフォワーディングを利用するなどしてセキュリティを強化する必要があります。

《答え》 D

問題 2-14

重要度《★★★》

X Window Systemにおいて、[BackSpace]キーと[Delete]キーの割り当てを入れ替えるなど、部分的にキーのマッピングを変更します。この時に一般ユーザでも使えるコマンドは何ですか？　1つ選択してください。

A. xkbdmap
B. kbdmap
C. xmodmap
D. modmap

《解説》 キーボードの各キーは識別するための固有のキーコード(keycode)を持ち、それが"a"、"b"、"c"、"1"、"2"、"3"、"Delete"、"BackSpace"などのキーシンボル(keysym)にマッピングされています。xmodmapコマンドはこのマッピング情報の表示や変更を行います。

構文 xmodmap [オプション] [ファイル名]

オプション

主なオプション	説明
-e expression	実行するexpressionを指定する
-pke	現在のキーマップテーブルを標準出力に表示する。次の順番でキーシンボルを表示する 以下はAのキーの場合 [標準][シフトキー][モードキー][シフトキー+モードキー] Keycode 38 = a　A　a　A

まず、キーコードとキーシンボルのマッピングを表示します。

実行例

```
$ xmodmap -pke | grep BackSpace
keycode  22 = BackSpace NoSymbol BackSpace
$ xmodmap -pke | grep Delete
keycode  91 = KP_Delete KP_Decimal KP_Delete KP_Decimal
keycode 119 = Delete NoSymbol Delete
```

xev(X event)コマンドで、押したキーのキーコードとキーシンボルを確認します。

実行例

```
$ xev
... keycode 22 (keysym 0xff08, BackSpace)...    ← [BackSpace]キーを押した時
... keycode 119 (keysym 0xffff, Delete)...      ← [Delete]キーを押した時
```

[BackSpace]に割り当てられていたキーコード22のキーを[Delete]に割り当てます。

実行例

```
$ xmodmap -e "keycode 22 = Delete"
```

そして、[Delete]に割り当てられていたキーコード119のキーを[BackSpace]に割り当てます。

実行例

```
$ xmodmap -e "keycode 119 = BackSpace"
```

《答え》C

問題 2-15

重要度《★★★》

システムのランレベルを3から5に変更した時、ログイン画面が表示されます。このログイン画面を表示しているプログラムはどのようなプログラムですか？　1つ選択してください。

A. ウインドウマネージャ
B. loginプロセス
C. ディスプレイマネージャ
D. gnome-terminal

《解説》システムのランレベルを3から5に変更すると、グラフィカルなログイン画面が表示されます。このログイン画面を表示するプログラムがディスプレイマネージャです。
代表的なディスプレイマネージャにはxdm、gdm、kdm、lightdmがあります。
xdmはxorg X11で開発された標準のディスプレイマネージャです。gdmはGNOMEの標準のディスプレイマネージャです。kdmはKDEの標準のディスプレイマネージャです。lightdmは軽量で高速なディスプレイマネージャで、GNOME、KDE、Unityなど複数のデスクトップ環境に対応しています。lightdmはUbuntu 15.04ではデフォルトのディスプレイマネージャとして採用されています。

参考

CentOS 7の場合、gdmがデフォルトのディスプレイマネージャです。kdmとxdmは標準パッケージでは提供されていません。lightdmはEPELリポジトリから提供されています。

ディスプレイマネージャを起動するシーケンスはSys-v initを採用したシステムとsystemdを採用したシステムでは異なります。

●Sys-v initの場合

ランレベル5で立ち上げた場合、あるいは他のランレベルから5に切り替えた場合、initから起動されるシェルスクリプトprefdm (Preferred Display Manager) がディスプレイマネージャを起動します。環境変数DISPLAYMANAGERにより起動するディスプレイマネージャを指定します。

prefdmによるディスプレイマネージャの起動

prefdm

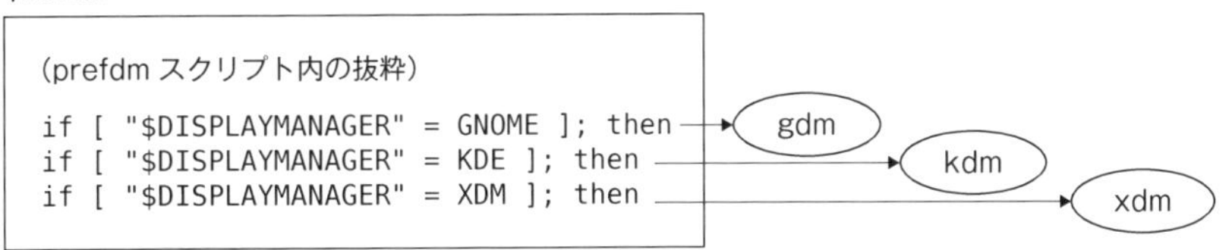

●systemdの場合

systemdがシンボリックリンクファイルdisplay-manager.serviceのリンク先のディスプレイマネージャを起動します。ディスプレイマネージャを切り替えるにはsystemctlコマンドにより、使用しないディスプレイマネージャをdisableに、使用するディスプレイマネージャをenableに設定します。

gdmからkdmに切り替える例

```
# systemctl disbale gdm
Removed symlink /etc/systemd/system/display-manager.service.
# systemctl enabale kdm
Created symlink from /etc/systemd/system/display-manager.service to /usr/
lib/systemd/system/kdm.service.
```

CentOS 7のgdm

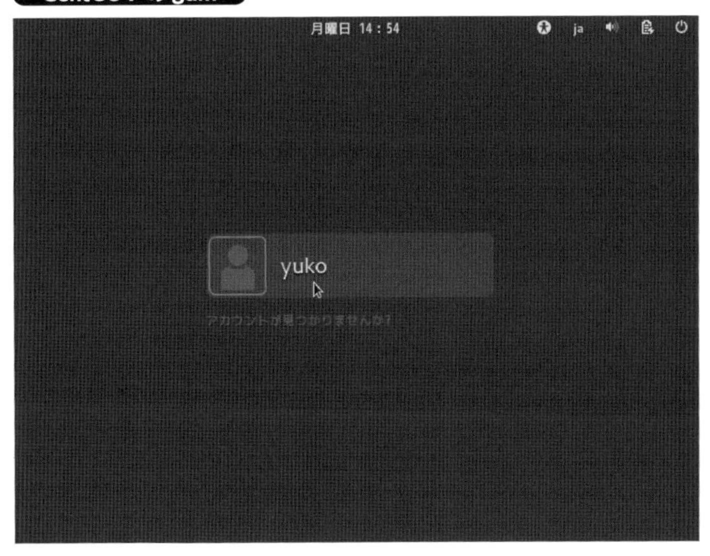

Fedora21 の kdm

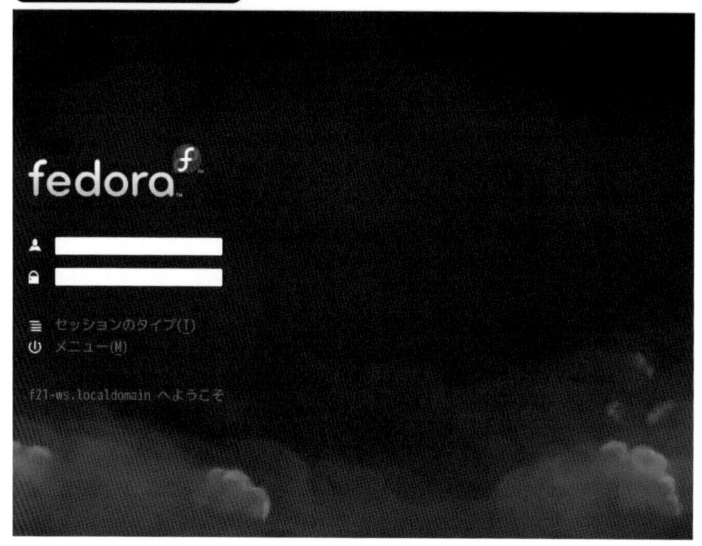

選択肢Aのウインドウマネージャはウインドウのオープン、クローズ、移動、リサイズなどを管理するプログラムです。問題2-4の解説を参照してください。選択肢Bのloginプロセスはランレベル3の場合にログインプロンプトを表示するプログラムです。選択肢Dのgnome-terminalは端末エミュレータです。

《答え》C

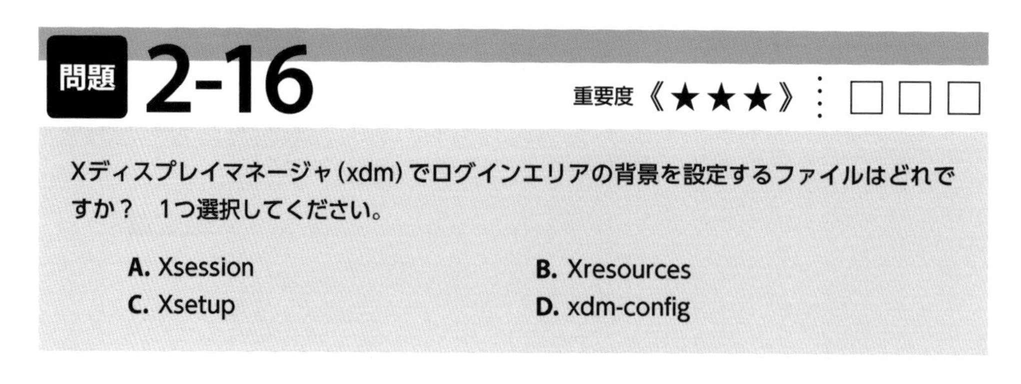

問題 2-16

重要度《★★★》 □□□

Xディスプレイマネージャ（xdm）でログインエリアの背景を設定するファイルはどれですか？　1つ選択してください。

A. Xsession　　**B.** Xresources
C. Xsetup　　**D.** xdm-config

《解説》xdm（X Display Manager）はX.Org Foundationで開発されているX11標準のディスプレイマネージャです。「Vanila X Display Manager」と呼ばれることもあります。

Fedora21 の XDM

xdmの基本設定ファイルは/etc/X11/xdm/xdm-configファイルです。このファイルの中で機能ごとの設定ファイル名が指定されています。

xdm-config の抜粋

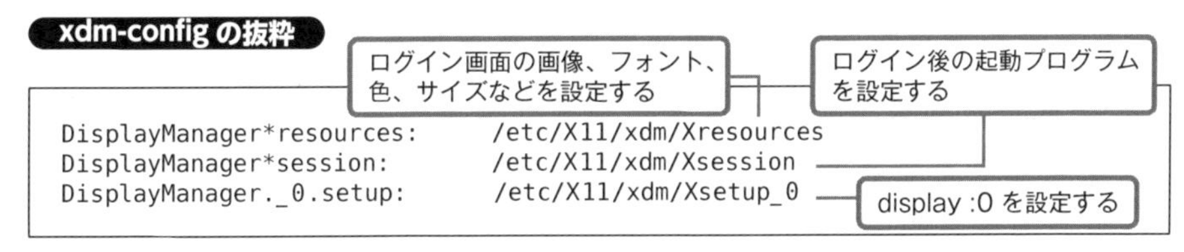

```
DisplayManager*resources:     /etc/X11/xdm/Xresources
DisplayManager*session:       /etc/X11/xdm/Xsession
DisplayManager._0.setup:      /etc/X11/xdm/Xsetup_0
```


背景の設定は/etc/X11/xdm/Xresourcesで行います。以下は背景色を灰色から白に変更しています。

背景色を変更

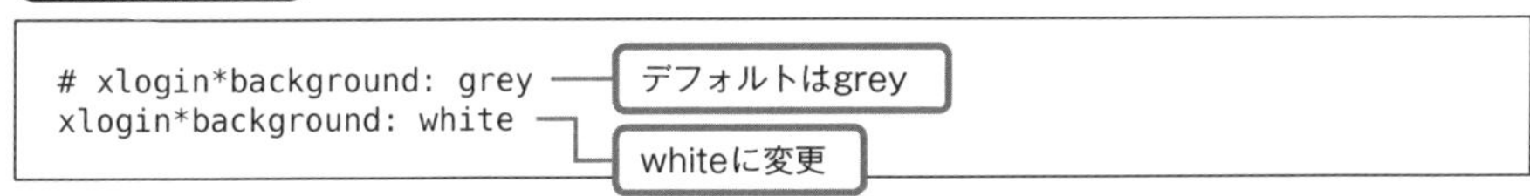

```
# xlogin*background: grey
xlogin*background: white
```


《答え》B

問題 2-17

重要度《★★★》

X Display Manager (xdm) を設定しました。xdmが最初に参照する基本設定ファイルはどれですか？　1つ選択してください。

A. xdm.config　**B.** xdm.conf
C. xdm-config　**D.** xdm-conf

《解説》 問題2-16の解説にあるとおり、xdmの基本的設定ファイルは/etc/X11/xdm/xdm-configです。Xの設定ファイルは/etc/X11ディレクトリの下にあります。xdmの設定ファイルは/etc/X11/xdmディレクトリの下にあります。

《答え》 C

問題 2-18

重要度《★★☆》

xdmのグリーティングメッセージを変更するにはどのファイルを編集すればよいですか？ 1つ選択してください。

A. Xsession　**B.** Xresources
C. Xsetup　**D.** xdm-config

《解説》 ディスプレイマネージャがログイン画面に表示するメッセージをグリーティングメッセージ(greeting message)と呼びます(ログインしようとしているユーザに対しての挨拶(greeting)の意味でこのように呼ばれています)。xdmのグリーティングメッセージを変更するには/etc/X11/xdm/Xresourcesを編集します。

/etc/X11/xdm/Xresources の編集

```
# xlogin*greeting: Welcome to CLIENTHOST
xlogin*greeting: Welcome to my CLIENTHOST
```

《答え》 B

問題 2-19

重要度《★★★》

xdmの壁紙を変更するにはどのファイルを編集すればよいですか？　1つ選択してください。

A. xdm.conf
B. Xsetup_0
C. Xsession
D. Xresources

《解説》 xdmの壁紙（画面の背景画像）は、xdmの設定ファイルxdm-configから参照されるファイルXsetup_0で指定します。したがって、選択肢Bが正解です。

xdm.confというファイルはないので選択肢Aは誤りです。Xsessionはログイン後に起動するプログラムを指定するファイルなので、選択肢Cは誤りです。Xresourcesはログインエリアの画像や背景色、グリーティングメッセージなどを指定できますが、壁紙を指定することはできないので選択肢Dは誤りです。

壁紙の設定例

```
# vi /etc/X11/xdm/Xsetup_0
.....（途中省略）.....
qiv -z /usr/share/backgrounds/gnome/Mirror.jpg
```

qiv（Quick Image Viewer）は画像表示コマンドです。-zオプションを指定すると背景画像を設定してから終了します。ImageMagickのdisplayコマンドを使用して「display -window root /usr/share/backgrounds/gnome/Mirror.jpg」と設定をしても同じことができます。

以下は、上記のように壁紙を設定し、さらにグリーティングメッセージと背景色を変更したxdmの画面です。問題2-16のデフォルトのxdm画面と比べてみてください。

カスタマイズしたxdmの画面

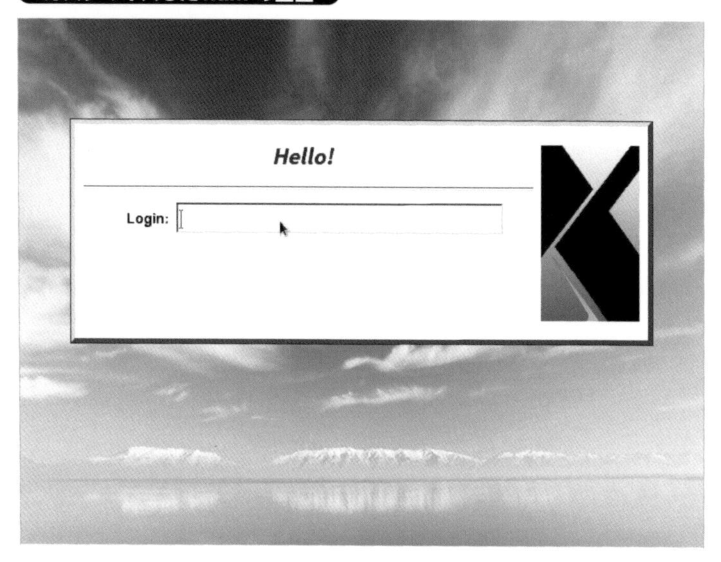

《答え》 B

問題 2-20

重要度《★★★》 □□□

デスクトップマネージャやフルスクリーンアプリケーションがハングアップしてグラフィックセッションが使用できなくなりました。Xサーバを強制的に停止するために使うキーは何ですか？　1つ選択してください。

A. [Ctrl]+[Alt]+[Delete]を同時に押す
B. [Ctrl]+[Alt]+[Backspace]を同時に押す
C. [Ctrl]+[Alt]を押しながら[Delete]を2回押す
D. [Ctrl]+[Alt]+[F1]を同時に押す

《解説》 [Ctrl]、[Alt]、[Backspace]の3つのキーを同時に押すと、Xサーバを強制的に停止することができます。
ランレベル3でログインしてstartxでXを起動した場合は、Xサーバは停止してシェルのプロンプトが表示されます。
ランレベル5でディスプレイマネージャからログインした場合は、Xサーバは一旦停止した後、ディスプレイマネージャによって再起動し、ログイン画面が表示されます。

《答え》 B

問題 2-21

重要度《★★★》

Linuxで利用できるアクセシビリティ機能として、オンスクリーンキーボードを表示するコマンドはどれですか？　1つ選択してください。

A. gok　**B.** orca
C. GNOME　**D.** KDE

《解説》 システムの利用を可能にする、あるいは容易にするための機能をアクセシビリティ(Accessibility)と呼びます。アクセシビリティを提供するソフトウェアには、キーボードが使えない場合にマウスポインタで入力できるオンスクリーンキーボード、視力の弱い人のための拡大鏡、視力のない人のためにシステムの動作や画面の情報を音声で伝えるスクリーンリーダー、キー操作の不自由な人のためのキーボード設定などがあります。

CentOS 7 GDM ログイン画面のアクセシビリティ設定

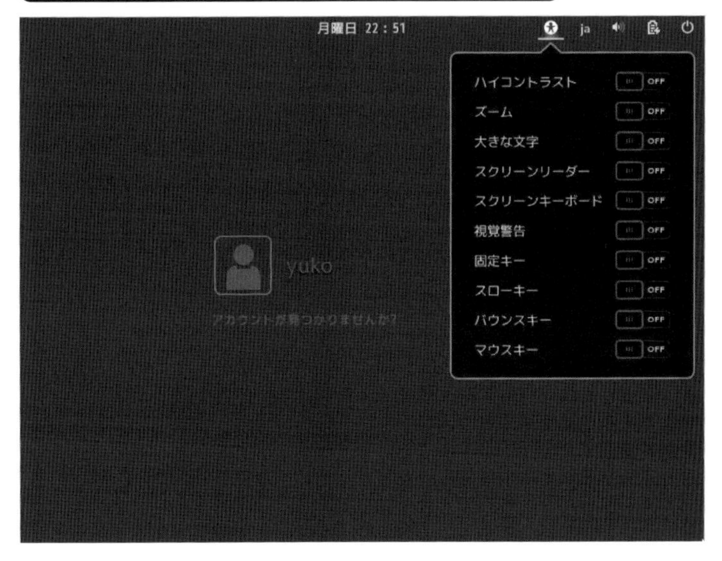

gok (GNOME Onscreen Keyboard) はGNOME2のオンスクリーンキーボード(ソフトウェアキーボード)です。「gok」コマンドで表示できます。

GNOME2 の gok

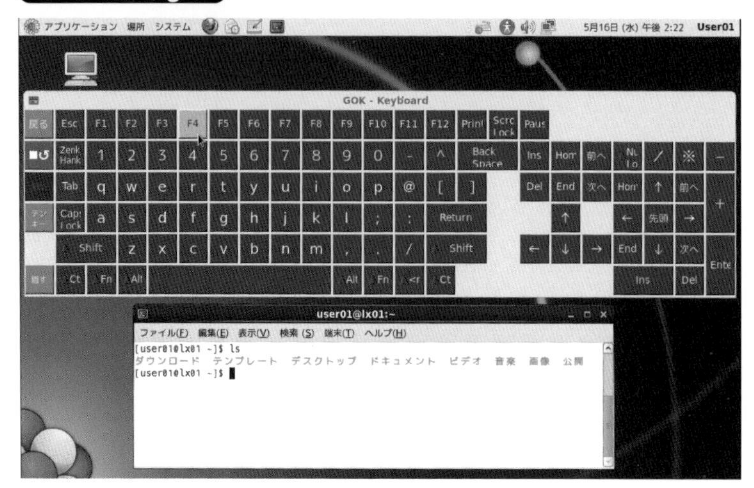

GNOME3ではオンスクリーンキーボードはgokに代わり、libcaribouライブラリを利用したGNOME Shellオンスクリーンキーボードが採用されています。

GNOME3 のオンスクリーンキーボード

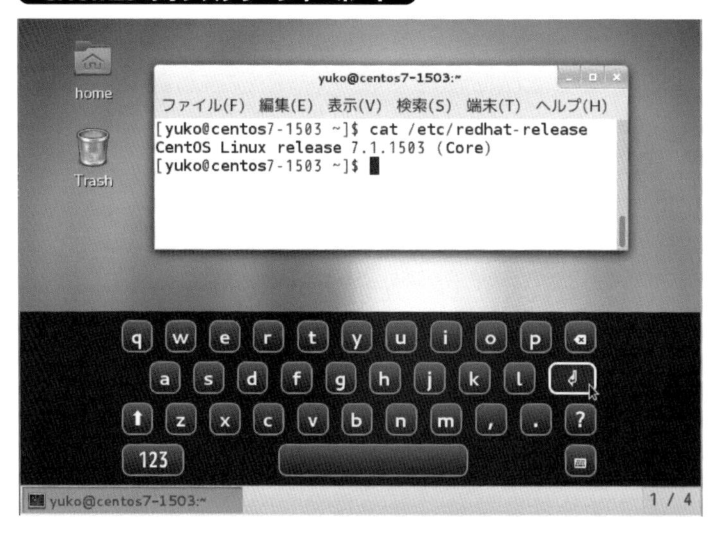

選択肢Bのorcaは GNOME2で採用されており、スクリーンリーダーや拡大鏡を提供しますが、オンスクリーンキーボードの機能はありません。GNOME3ではスクリーンリーダーはorcaですが、拡大鏡(ズーム機能)はorcaではなくGNOME Shellが機能の1つとして提供しています。

orca の拡大鏡

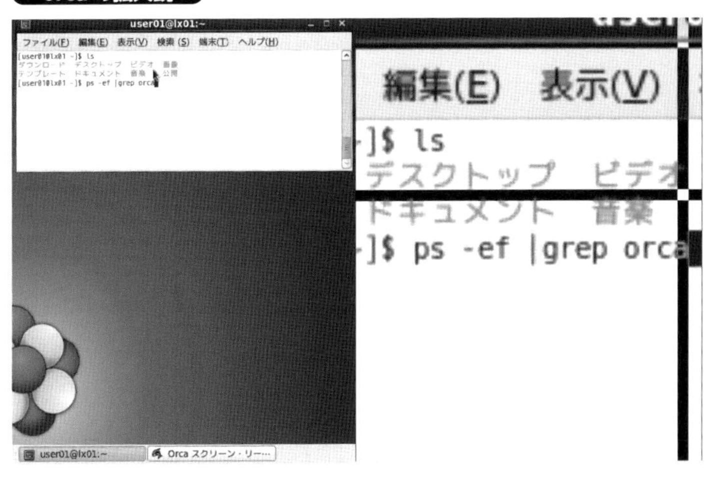

選択肢C、選択肢Dはコマンドではなく統合デスクトップ環境の名前です。

参考

アクセシビリティに関連した用語に、ユニバーサルアクセス（Universal Access）や支援技術（Assistive Technology）があります。

- **ユニバーサルアクセス**：誰でも利用できるという意味で、アクセシビリティとほぼ同義で使われます。
- **支援技術**：障害のある人を支援する技術のことです。

《答え》 A

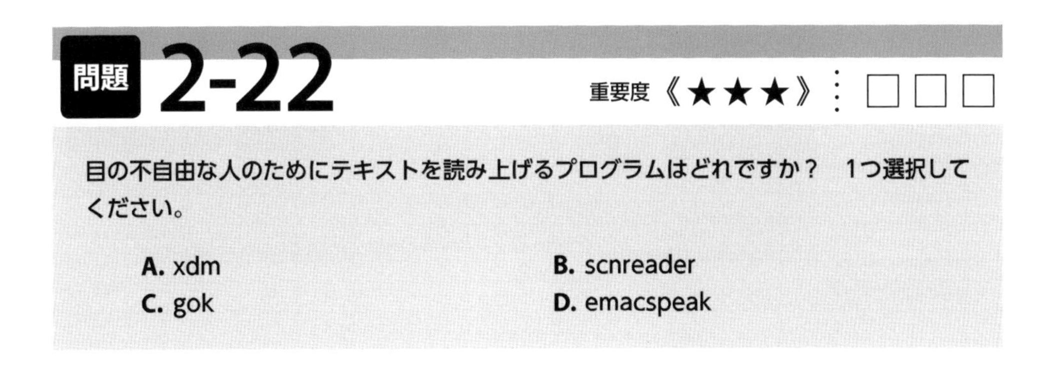

問題 2-22

重要度《★★★》 □□□

目の不自由な人のためにテキストを読み上げるプログラムはどれですか？　1つ選択してください。

A. xdm　　**B.** scnreader
C. gok　　**D.** emacspeak

《解説》 emacspeakは、 Emacs環境に統合化されたスクリーンリーダーのアプリケーションです。 Emacsに読み込んだテキストや電子メールなどを音声で読み上げることができます。

《答え》 D

問題 2-23

重要度《★★★》 □□□

スムーズなキー入力が困難な人のためのキーボード設定はどれですか？　3つ選択してください。

A. スティッキー・キー　　**B.** スロー・キー
C. バウンス・キー　　**D.** パブリック・キー

《解説》 スティッキー・キー（Sticky Keys）とは、2つのキーを同時に押すことが困難な場合に、[Ctrl]＋[c]、[Shift]＋[a]、[Alt]＋[Space]のように[Ctrl]、[Shift]、[Alt]などの修飾キーとの組み合わせを、順番に押す操作で有効にする設定です。

スロー・キー（Slow Keys）とは、指定した時間より長く押し続けないとそのキー入力を有効としない設定です。

バウンス・キー（Bounce Keys）とは、同じキーを素早く押下した場合はそのキー入力を有効としない設定です。

パブリック・キー（Public Key）とは、暗号化や認証に使われる大きな整数値を持つキーです。キーボードの設定ではないので選択肢Dは誤りです。

次の例は、CentOS 7のGNOMEでのキーボードのアクセシビリティ設定画面の例です。

キーボードの設定画面の例

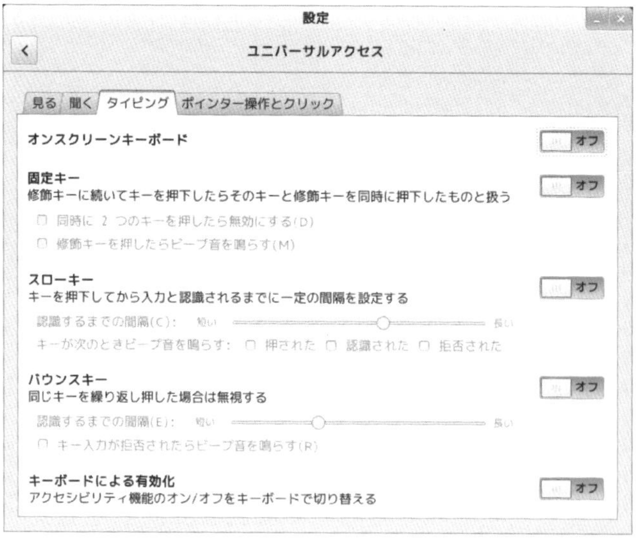

設定
ユニバーサルアクセス
見る　聞く　タイピング　ポインター操作とクリック
オンスクリーンキーボード　オフ
固定キー　オフ
修飾キーに続いてキーを押下したらそのキーと修飾キーを同時に押下したものと扱う
□ 同時に 2 つのキーを押したら無効にする(D)
□ 修飾キーを押したらビープ音を鳴らす(M)
スローキー　オフ
キーを押下してから入力と認識されるまでに一定の間隔を設定する
認識するまでの間隔(C)：　短い　長い
キーが次のときビープ音を鳴らす：□ 押された □ 認識された □ 拒否された
バウンスキー　オフ
同じキーを繰り返し押した場合は無視する
認識するまでの間隔(E)：　短い　長い
□ キー入力が拒否されたらビープ音を鳴らす(R)
キーボードによる有効化　オフ
アクセシビリティ機能のオン/オフをキーボードで切り替える

《答え》 A、B、C

3章 ユーザアカウントの管理

本章のポイント

❖新規ユーザの登録、変更、削除

ユーザ管理のためのコマンドラインのユーティリティとして、ユーザを登録するuseradd、ユーザ情報を変更するusermod、ユーザを削除するuserdelがあります。これらのコマンドの使い方とユーザ情報を格納するデータベースファイルである/etc/passwd、/etc/shadowについて理解します。

重要キーワード

ファイル：**/etc/passwd、/etc/shadow、/etc/skel**
コマンド：**useradd、usermod、userdel、passwd**

❖グループの管理

ユーザをグループ化し、ファイルに対するグループのアクセス権を設定できます。ユーザが所属するグループの作成や、管理について理解します。

重要キーワード

ファイル：**/etc/group**
コマンド：**groupadd、groupdel**

❖アカウントのロックと失効日の管理

一時的なアカウントのロック方法やアカウント失効日の設定と表示について理解します。

重要キーワード

ファイル：**/etc/passwd、/etc/shadow、/etc/nologin**
コマンド：**chsh、chage、passwd、usermod、/bin/false、/sbin/nologin**

❖ログイン管理とリソース管理

現在ログインしているユーザやログイン履歴の管理方法、またリソースの管理について理解します。

重要キーワード

ファイル：**/var/log/utmp、/var/run/wtmp**
コマンド：**last、who、w、ulimit、find**

問題 3-1

重要度《★★★》

ユーザを新規に登録するために使用するコマンドはどれですか？　1つ選択してください。

A. newgrp　　**B.** usermod
C. useradd　　**D.** passwd

《解説》 新規にユーザを登録するにはuseraddコマンドを使用します。
useraddコマンドにより、/etc/passwdと/etc/shadowへのエントリの作成とホームディレクトリを作成できます。
また、登録時にユーザのホームディレクトリにファイルを配ることもできます（問題3-3を参照）。

useradd で新規ユーザを登録

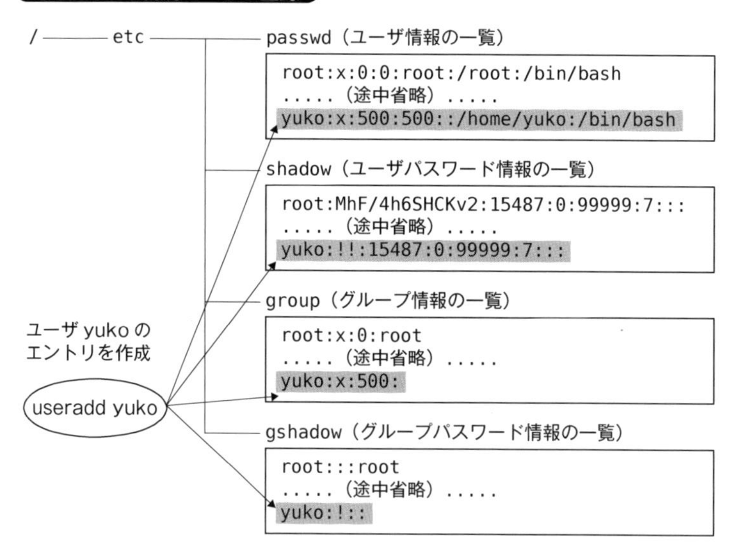

useraddコマンドを実行すると/etc以下にある各ファイルにアカウント情報が追加されます。

構文 `useradd [オプション] ユーザ名`

オプション

主なオプション	説明
-c	コメントの指定
-d	ホームディレクトリの指定
-e	アカウント失効日の指定
-f	パスワードが失効してからアカウントが使えなくなるまでの日数
-g	1次グループの指定
-G	2次グループの指定
-k	skelディレクトリの指定
-m	ホームディレクトリを作成する(/etc/login.defsで「CREATE_HOME yes」が設定されていれば、-mオプションなしでも作成する)
-M	ホームディレクトリを作成しない
-s	ログインシェルの指定
-u	UIDの指定
-D	デフォルト値の表示あるいは設定

オプションを省略すると/etc/default/useraddファイルの設定がデフォルト値として使用されます。

/etc/default/useradd

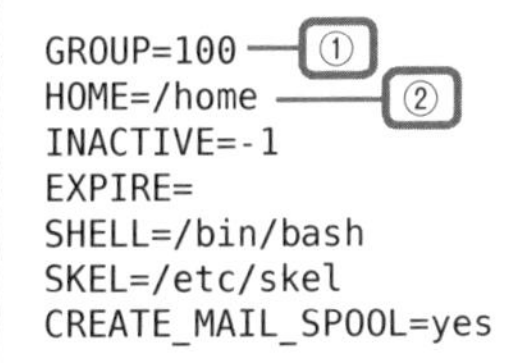

```
GROUP=100 ─①
HOME=/home ─②
INACTIVE=-1
EXPIRE=
SHELL=/bin/bash
SKEL=/etc/skel
CREATE_MAIL_SPOOL=yes
```

①GROUPで指定される数値は、/etc/login.defsの中のUSERGROUPS_ENABの値によります。

●USERGROUPS_ENABが「no」の場合

グループ名はユーザ名と同じ名前になります。

グループIDは/etc/login.defsの中のGID_MINとGID_MAXの範囲で現在使用されている値+1が使われます。

●USERGROUPS_ENABが「yes」の場合

グループIDはGROUPの値になります。

②HOMEの値で指定されたディレクトリの下にユーザ名のディレクトリが作成されホームディレクトリとなります。

参考

ユーザIDは/etc/login.defsのUID_MINとUID_MAXの範囲で現在使用されている値+1が使われます。/etc/login.defsは試験の範囲外です。

以下はyukoユーザを作成しています。

実行例

```
# useradd yuko
```

上記コマンドを実行した後、/etc/passwdは次のようになります。

/etc/passwd

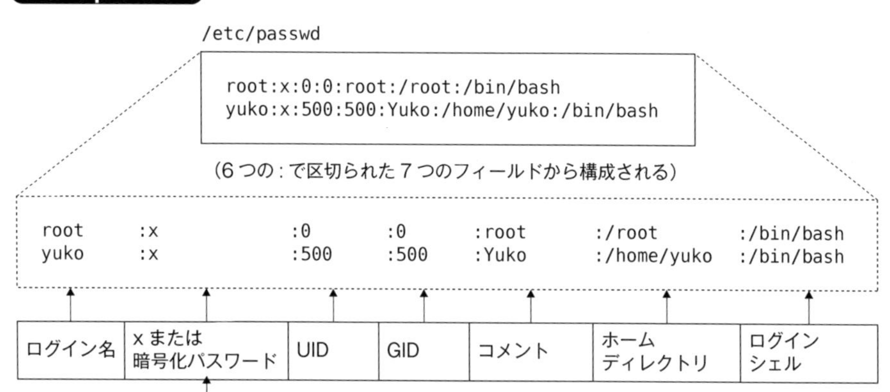

次の表は、ユーザ管理コマンドとそれぞれの重要度を示しています。

ユーザ管理コマンドと重要度

コマンド	説明	試験の重要度
useradd	ユーザの登録	★★★
usermod	ユーザ情報の変更	★★☆
userdel	ユーザの削除	★★★
groupadd	グループの登録	★★★
groupmod	グループ情報の変更	★☆☆
groupdel	グループの削除	★★★
passwd	パスワードの設定	★★★
chage	アカウント失効日の設定と表示	★★★
chsh	ログインシェルの変更	★★★

《答え》C

問題 3-2

重要度《★★☆》 □□□

/etc/passwdファイルのパスワード欄がxと表示され、/etc/shadowファイルのパスワード欄が!!と表示された新規登録ユーザがいます。このユーザに対して次に行わなければならないことは何ですか？ 1つ選択してください。

A. passwdコマンドでパスワードを設定する
B. このユーザはアカウントロックされているので何もしなくてもよい
C. pwconvコマンドでシャドウパスワードに変換する
D. ハッシュ化されたパスワードを持つ新規登録ユーザにpasswdコマンドで新しいパスワードを与える

《解説》 ユーザを新規登録するためにuseraddコマンドを実行すると、/etc/passwdと/etc/shadowの最終行に次のようなエントリが作成されます。

/etc/passwd の例

```
[/etc/passwd]
yuko:x:500:500::/home/yuko:/bin/bash
```

/etc/shadow の例

```
[/etc/shadow]
yuko:!!:15487:0:99999:7:::
```

アカウントは作成したがパスワードは設定していない場合、/etc/shadowの2番目のフィールドは「!!」となっています。次に行うべきことはpasswdコマンドでユーザのパスワードを設定することです。
rootユーザはpasswdコマンドの引数に指定した任意のユーザのパスワードを設定、変更できます。一般ユーザは自分のパスワードの変更しかできません。
以下は、rootユーザによるユーザのパスワード設定を行っています。

実行例

```
# passwd yuko
ユーザ yuko のパスワードを変更。
新しいパスワード:
新しいパスワードを再入力してください:
passwd: 全ての認証トークンが正しく更新できました。
```

参考

RedHat系のpasswdコマンドでは、一般ユーザの場合は自分のパスワードしか設定できず、ユーザを引数に指定することはできません。
Debian系のpasswdコマンドでは、一般ユーザの場合は自分のパスワードしか設定できず、自分以外のユーザを引数に指定することはできません。
以下はyukoユーザが自身のパスワード設定を行っています。

実行例

```
$ passwd
ユーザ yuko のパスワードを変更。
yuko 用にパスワードを変更中
現在のUNIXパスワード:
新しいパスワード:
新しいパスワードを再入力してください:
passwd: 全ての認証トークンが正しく更新できました。
```

passwdコマンド実行後のエントリは次のようになります。

/etc/passwd の例

```
[/etc/passwd]
yuko:x:500:500::/home/yuko:/bin/bash
```

/etc/shadowの例

```
[/etc/shadow]
yuko:xY25/dQXQxX46:15488:0:99999:7:::
```

/etc/shadowの第2フィールドが「!!」から暗号化されたパスワードに変更されています。なお、/etc/passwdファイルのエントリに変更はありません。

ユーザのパスワードを設定

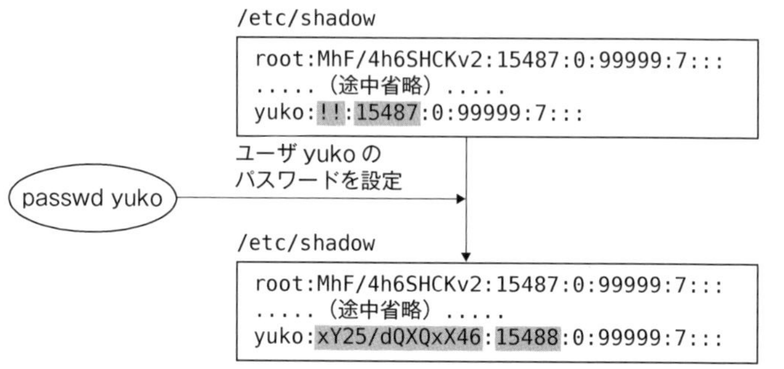

第２フィールドと第３フィールド（網掛け）が更新されます。

《答え》A

問題 3-3

重要度《★★★》 □□□

「useradd -m」コマンドによるユーザ登録時に自動的にユーザのホームディレクトリの下にbinディレクトリを作りたい場合、どうすればよいですか？　1つ選択してください。

A. /etc/profileにディレクトリを作成するようにmkdirコマンドを記述しておく
B. /etc/skelディレクトリの下にbinディレクトリを作っておく
C. useraddのオプションでbinディレクトリを作成するように指定する
D. 自動的にbinディレクトリを作成することはできない

《解説》/etc/skelディレクトリの下に置かれているファイルあるいはディレクトリは、useraddコマンドでユーザを作成した時に自動的にユーザのホームディレクトリに配られます。

/etc/login.defsに「CREATE_HOME yes」が設定されていれば-mオプションなしでもホームディレクトリは作成されます。この設定の有無はディストリビューションによって異なります。

システム管理者がユーザに標準的な「.bash_profile」や「.bashrc」などの初期化ファイルを配る時に利用します。ユーザはそれらのファイルを自分でカスタマイズできます。

初期化ファイルの自動配布

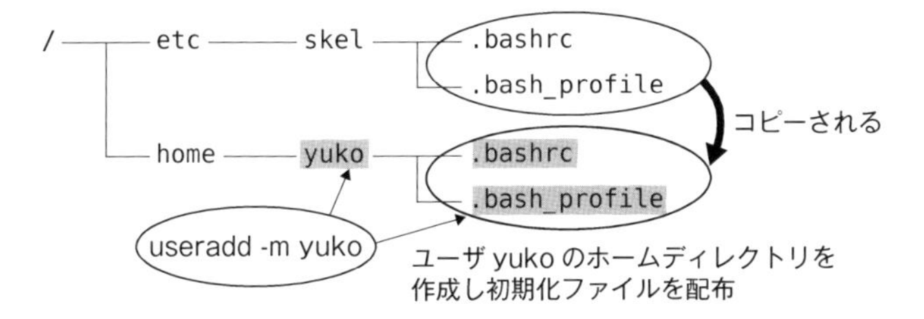

あわせてチェック!

useraddコマンドは、ユーザアカウントの作成、ユーザのホームディレクトリの作成、ファイルのホームディレクトリへのコピーを1回で行います。
また、useraddコマンドは記述できるようにしておきましょう。

《答え》 B

問題 3-4

重要度《★★★》 □□□

/etc/shadowファイルのパーミッションが/etc/passwdとは異なった設定になっている理由はどれですか？　1つ選択してください。

A. 権限を持ったユーザによる参照を防ぐため
B. スーパーユーザによる参照を防ぐため
C. 権限のないユーザによる暗号化パスワードの解読を防ぐため
D. アカウントのないユーザによる参照を防ぐため

《解説》 /etc/shadowファイルにはユーザの暗号化されたパスワードなど、パスワードのセキュリティに関係した情報が格納されています。このファイルのパーミッションは非特権ユーザが暗号化パスワードを読み取って解読するのを防ぐため、特権ユーザであるrootだけがアクセスできるように設定されています。
各ファイルに設定されたパーミッションは問題3-5を参照してください。

参考

古いUnix系システムでは/etc/passwdファイルの第2フィールドに暗号化パスワードが入っていました。このように、セキュリティは弱くなりますが/etc/shadowなしで/etc/passwdだけで管理するように設定することもできます。

《答え》 C

問題 3-5

重要度《★★☆》 □□□

/etc/passwdと/etc/shadowの正しいパーミッションはどれですか？　1つ選択してください。

A. /etc/passwd rw- rw- ---, /etc/shadow rw- r-- ---
B. /etc/passwd rw- r-- r--, /etc/shadow r-- --- ---
C. /etc/passwd rw- rw- rw-, /etc/shadow r-- r-- r--
D. /etc/passwd rw- --- ---, /etc/shadow r-- --- ---

《解説》 問題3-4の解説のとおり、/etc/shadowのパーミッションは特権ユーザであるrootのみがアクセスできるように設定されています。rootはパーミッションのいかんにかかわらずアクセスできるので、/etc/shadowの所有者（root）のパーミッションについてはディストリビューションによって異なり、rw-や---など、どのように設定されていても機能します。
/etc/passwdは多くの非特権プロセスがユーザ名とUIDのマッピングやホームディレクトリの情報を参照するので、すべてのユーザが読み取れるパーミッションに設定されています。ただし、所有者のroot以外は書き込みができないパーミッションに設定されています。

《答え》 B

問題 3-6

重要度《★★☆》 □□□

/etc/passwdの第2フィールドには、ほとんどのユーザの場合はxが入っています。しかし数人のユーザだけは13文字に暗号化されたパスワードが入っています。システムが正しく機能するためにはどうすればよいですか？　1つ選択してください。

A. pwconvコマンドを実行する
B. 暗号化パスワードの入っているユーザだけ、passwdコマンドでパスワードを再設定する
C. 暗号化パスワードの入っているユーザだけ、アカウントを削除してから作り直す
D. 何もしなくてもシステムは正常に動作する

《解説》 ユーザ認証を行うPAMのpam_unix.soモジュールは、/etc/passwdの第2フィールドにxが入っていた場合は/etc/shadowを参照します。それ以外は暗号化パスワードと

見なして処理します。したがって、第2フィールドに暗号化パスワードが入っているエントリとxが入っているエントリが混在していても、特に何も設定しなくてもシステムは正常に動作します。

なお、pam_unix.soによる/etc/passwdの第2フィールドの処理の詳細は次のようになります。

値が「x」か「##ログイン名」の場合は/etc/shadowファイルの第2フィールドを暗号化パスワードと見なします。値の1文字目が「*」か「!」の場合はログインを拒否します。それ以外の値の場合は/etc/passwdの第2フィールドを暗号化パスワードと見なし、暗号化アルゴリズムを判定します。

《答え》D

問題 3-7

重要度《★★★》 □□□

/etc/pam.dディレクトリ以下にあるファイルの設定を変更し、パスワード暗号化のアルゴリズムをMD5に変更しました。システム管理者はこの後どうすればよいですか？ 1つ選択してください。

A. /etc/passwd、/etc/shadowのすべてのアカウントの作り直す
B. /etc/shadowのすべてのアカウントのパスワードを設定し直す
C. MD5以外のアルゴリズムで暗号化してあるパスワードをMD5で設定し直す
D. 何もしなくてもよい

《解説》passwdコマンドでユーザのパスワードを設定、変更する時、PAMの設定ファイルであるsystem-auth内にあるpasswordタイプのエントリに記述されている暗号化アルゴリズム（ハッシュ関数）が使われます。

/etc/pam.d/system-auth の抜粋

```
password    sufficient    pam_unix.so sha512 shadow nullok try_first_pass
use_authtok
```

この例ではパスワードを設定する時の暗号化アルゴリズムをsha512に指定しています。

この暗号化アルゴリズムの指定を変更してパスワードを設定した場合は、異なったアルゴリズムで暗号化されたエントリが混在することになります。

/etc/shadow の抜粋

```
yuko:6T8WuPkMsoywE:15488:0:99999:7:::
ryo:$1$VrSFRz2Y$Vds0t4H.QFu737Iv0RAnV1:15488:0:99999:7:::
mana:$6$jB8NEI69$A06ws6q169ot65RAkakgqVHhxp6NqG3mUyyLJmEZF2zOYc7E5IQr1hlCMf
eJsjL73ybyadxLOZGqTnasSFe3D1:15488:0:99999:7:::
```

yukoのパスワードはDES、ryoのパスワードはMD5、manaのパスワードはSHA-512で暗号化されています。
ユーザのログイン時などにPAMによる認証を受ける時は、pam_unix.soモジュールがGNUのライブラリglibc2のcrypt()関数により暗号化パスワードを調べ、使われている暗号化アルゴリズムに応じた処理を行うので、システム管理者は特に何も設定を変更する必要はありません。

参考

暗号化パスワードが入った第2フィールドの構成は「idsalt$encrypted」となっていて、最初の3文字の$id$が暗号化アルゴリズムを表します。

暗号化アルゴリズムの判別

第2フィールドの先頭3文字	暗号化アルゴリズム
id指定のない3文字	DES
$1 $	MD5
$5 $	SHA-256
$6 $	SHA-512

《答え》 D

問題 3-8

重要度《★★☆》 □□□

ユーザの所属グループを表示するコマンドを記述してください。

《解説》 ユーザは自分の所属するグループをgroupsコマンドで表示できます。引数にユーザ名を指定すると、そのユーザの所属するグループを表示できます。groupsコマンドは/etc/groupファイルを参照します。

/etc/groups の書式 **グループ名:グループのパスワード:グループID番号:所属するユーザ名のリスト**

groupsコマンドの詳細は「第1部 101試験」の第6章を参照してください。
以下の例では、ユーザyukoが自分の所属するグループとユーザryoの所属するグループを表示、確認しています。

実行例

```
$ groups
yuko users

$ grep yuko /etc/passwd
yuko:x:500:500::/home/yuko:/bin/bash ——— yukoのGIDは500
$ grep yuko /etc/group
users:x:100:yuko ——— yukoはGIDが100のusersグループに所属
yuko:x:500: ——— yukoグループのGIDは500

$ groups ryo
ryo users
```

《答え》 groups

問題 3-9

重要度《★★★》 □□□

システムへのグループの登録と削除のコマンドについての説明で正しいものはどれですか？ 2つ選択してください。

A. groupcreateでグループを登録する
B. groupaddでグループを登録する
C. grouprmでグループを削除する
D. groupdelでグループを削除する

《解説》 rootユーザはgroupaddコマンドで新しいグループを登録できます。

構文 **groupadd [-g gid] グループ名**

GIDは-gオプションで指定します。 -gオプションを指定しない場合、現在使用されている最大値+1が設定されます。

新しいグループのエントリは/etc/groupと/etc/gshadowの最終行に追加されます。

/etc/gshadowは、ユーザが自分の登録されていないグループに所属するためにnewgrpコマンドを実行した時のパスワードを設定するファイルです。

rootユーザはgroupdelコマンドでグループを削除できます。

構文 **groupdel グループ名**

groupdelコマンドの引数にはグループ名を指定します。グループIDの指定はできません。

参考

/etc/gshadowのパスワードはgpasswdコマンドで設定します。
/etc/gshadowは一般的にはあまり利用されることはなく、/etc/gshadowとgpasswdはLPIC 102試験でも出題範囲外です。

実行例

```
# groupadd users
# tail -1 /etc/group
users:x:510:
# tail -1 /etc/gshadow
users:!::
```

ユーザの所属グループ(primary group：1次グループ)を変更する時はusermodコマンドの-gオプションで指定します。
ユーザを2つ以上のグループ(secondary groups：2次グループ)に所属させるときはuseraddコマンドの-Gオプション、usermodコマンドの-Gオプションで指定します。

実行例

```
# usermod -G users yuko
# useradd -G users ryo
# tail -1 /etc/group
users:x:510:yuko,ryo
# tail -1 /etc/gshadow
users:!::yuko,ryo
```

《答え》B、D

問題 3-10

重要度《★★★》 □□□

グループからユーザを削除するコマンドはどれですか？　1つ選択してください。

A. groupmod　　**B.** usermod
C. passwd　　**D.** chsh

《解説》usermodコマンドでユーザ情報の変更を行います。例えば、ログイン名の変更は「usermod -l 新ログイン名 旧ログイン名」とします。グループにユーザを登録する、あるいはグループからユーザを削除するには-g(1次グループの変更)オプション、-G(2次グループの変更)オプションを使用します。

構文 **usermod -G 2次グループのリスト**
「usermod -G」コマンドで2次グループに指定しなかったグループからユーザは削除されます。

実行例

```
# groups yuko
yuko : yuko ryo mana
# usermod -G mana yuko
# groups yuko
yuko : yuko mana
```


なお、groupmodはグループIDあるいはグループ名の変更はできますが、所属するユーザを変更することはできません。

《答え》 B

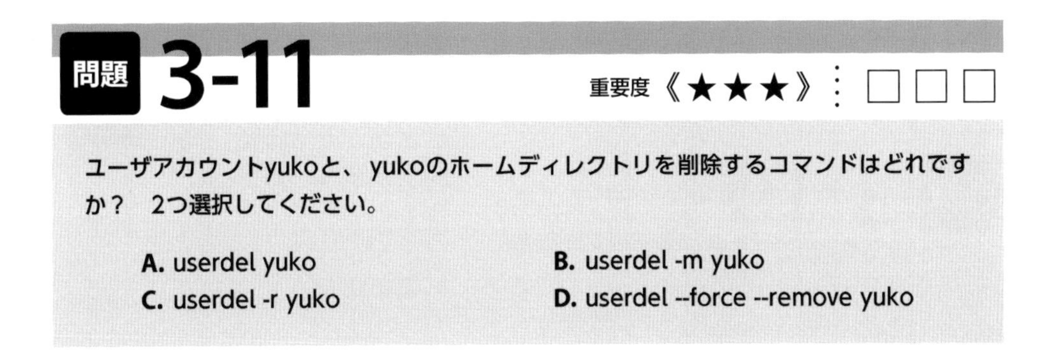

問題 3-11

重要度《★★★》 □□□

ユーザアカウントyukoと、yukoのホームディレクトリを削除するコマンドはどれですか？　2つ選択してください。

A. userdel yuko
B. userdel -m yuko
C. userdel -r yuko
D. userdel --force --remove yuko

《解説》 ユーザアカウントを削除するにはuserdelコマンドを使用します。 userdelコマンドに-rあるいは--removeオプションを指定することで、ユーザのホームディレクトリを削除することができます。 -rあるいは--removeオプションを指定しないと/etc/passwdと/etc/shadowのエントリだけが削除されて、ホームディレクトリはそのまま残されます。また、 -fあるいは--forceオプションを指定するとユーザがログインしている場合でもアカウントを削除します。

userdelをオプションなしで実行した場合はアカウントのみ削除し、ホームディレクトリは削除しないので選択肢Aは誤りです。 -mオプションはないので選択肢Bは誤りです。

構文 `userdel [オプション] ログイン名`

《答え》 C、D

問題 3-12

重要度《★☆☆》 □□□

useraddでユーザアカウントを作成したときのデフォルトとして、パスワードが失効してから60日後にアカウントが使用できなくするように設定する手順を1つ選択してください。

A. passwd --inactive 60　　**B.** passwd --expire 60
C. useradd -D -e60　　**D.** useradd -D -f60

《解説》 useraddコマンドでデフォルト値を設定あるいは表示する時は-Dオプションを指定します。

パスワードの使用期限が切れてからアカウントが使用不能となるまでの日数は-fオプションに引数として日数を指定します。

実行例

```
# useradd -D -f60
# useradd -D | grep INACTIVE
INACTIVE=60
# grep INACTIVE /etc/default/useradd
INACTIVE=60
```

上記のように「useradd -D -f60」を実行すると、/etc/default/useraddファイルのINACTIVEの値が更新されます。デフォルトでは-1(失効しない)が設定されています。

《答え》 D

問題 3-13

重要度《★☆☆》 □□□

useraddコマンドでユーザアカウントを作成した時、デフォルトでアカウントが2015年12月31日に失効するように設定する手順を以下の選択肢から1つ選んでください。

A. useradd -D 2015/12/31　　**B.** useradd -D -e 2015/12/31
C. passwd -e 2015/12/31　　**D.** passwd -D 2015/12/31

《解説》 useraddコマンドでデフォルト値を設定あるいは表示する時は-Dオプションを指定します。

失効日のデフォルト値の設定は-e（expire）オプションに引数として失効日をYYYY/MM/DDの形式で指定します。

実行例

```
# useradd -D -e 2015/12/31
# useradd -D | grep EXPIRE
EXPIRE=2015/12/31
# grep EXPIRE /etc/default/useradd
EXPIRE=2015/12/31
```

上記のように「useradd -D -e 2015/12/31」を実行すると、/etc/default/useraddファイルのEXPIREの値が更新されます。デフォルトでは値なし（失効しない）が設定されています。

《答え》 B

問題 3-14

重要度《★★★》 □□□

特定のユーザのアカウント失効日を変更するための適切なコマンドはどれですか？　2つ選択してください。

A. usermod　　**B.** chage
C. vi /etc/shadow　　**D.** アカウントを削除した後、再登録する

《解説》 問題3-13では失効日のデフォルト値の設定を確認しましたが、この問題では既存のユーザに対する失効日の設定を確認します。
アカウントが失効する日を変更するには、「usermod -e」あるいは「chage -E」を実行します。

実行例

```
# date
Sun Aug 23 16:02:30 JST 2015
# grep yuko /etc/shadow
yuko:6T8WuPkMsoywE:16670:0:99999:7:::  ― 指定なし
# grep ryo /etc/shadow
ryo:$1$VrSFRz2Y$Vds0t4H.QFu737Iv0RAnV1:16670:0:99999:7:::  ― 指定なし
# usermod -e 2015-12-31 yuko
# chage -E 2015-12-31 ryo
# grep yuko /etc/shadow
yuko:6T8WuPkMsoywE:16670:0:99999:7::16800:  ― 16800日後に失効
# grep ryo /etc/shadow
ryo:$1$VrSFRz2Y$Vds0t4H.QFu737Iv0RAnV1:16670:0:99999:7::16800:  ― 16800日後に失効
```

/etc/shadowの第8フィールドが、何も指定なし(失効しない)から16800に変更されています。1970年1月1日の16800日後が2015年12月31日になります。
またviコマンドで/etc/shadowファイルの第8フィールドを編集することも方法の1つですが、1970年1月1日からの通算日数で記述しなければならないので、chageとusermodが適切です。
アカウントは失効日の2015年12月31日まで使えます。2015年1月1日になると次のようなメッセージが表示されてログインできなくなります。

実行例

```
$ ssh examhost -l ryo
ryo@examhost's password:
Your account has expired; please contact your system administrator
Connection closed by 172.16.210.149
```

chage の構文 **chage [オプション [引数]] ユーザ名**

オプション

主なオプション	説明	/etc/shadow(対応するフィールド番号)
-l(list)	アカウントとパスワードの失効日の情報を表示。このオプションのみ一般ユーザでも使用できる	
-d(lastday)	パスワードの最終更新日を設定。年月日をYYYY-MM-DDの書式、もしくは1970年1月1日からの日数で指定する	3
-m(mindays)	パスワード変更間隔の最短日数を設定	4
-M(maxdays)	パスワードを変更なしで使用できる最長日数を設定	5
-W(warndays)	パスワードの変更期限の何日前から警告を出すかを指定	6
-I(inactive)	パスワードの変更期限を過ぎてからアカウントが使用できなくなるまでの猶予日数。この猶予期間ではログイン時にパスワードの変更を要求される	7
-E(expiredate)	アカウントの失効日を設定(失効日の翌日から使用できなくなる)。年月日をYYYY-MM-DDの書式、もしくは1970年1月1日からの日数で指定する	8

/etc/shadow のフィールド

フィールド番号	内容
1	ログイン名
2	暗号化されたパスワード
3	1970年1月1日から、最後にパスワードが変更された日までの日数
4	パスワードが変更可となるまでの日数
5	パスワードを変更しなければならない日までの日数
6	パスワードの期限切れの何日前にユーザに警告するかの日数
7	パスワードの期限切れの何日後にアカウントを使用不能とするかの日数
8	1970年1月1日から、アカウントが使用不能になるまでの日数
9	予約されたフィールド

《答え》A、B

問題 3-15

重要度《★★★》 □□□

特定のユーザのアカウント失効日を変更するための専用のコマンド名は何ですか？　コマンド名のみ記述してください。

《解説》「usermod -e 失効日 ユーザ名」としても失効日を変更できます。しかしusermodはユーザ情報全般の変更のためのコマンドなので、この問題の場合は失効日変更の専用コマンドであるchageを記述します。

《答え》 chage

問題 3-16

重要度《★★☆》 □□□

/etc/passwdファイルに登録されているユーザのパスワード有効期限を調べるために使用するコマンドはどれですか？　1つ選択してください。

A. vi
B. emacs
C. usermod
D. modinfo
E. chage

《解説》 パスワード有効期限を調べる場合は、「chage -l ユーザ名」として実行します。以下の例ではユーザryoのアカウントとパスワードの有効期限を調べています。

実行例

```
# chage -l ryo
Last password change                                    : Aug 01, 2015
Password expires                                        : Sep 30, 2015
Password inactive                                       : Oct 30, 2015
Account expires                                         : Dec 31, 2015
Minimum number of days between password change          : 0
Maximum number of days between password change          : 60
Number of days of warning before password expires       : 7
```

以下は、ユーザryoのアカウントとパスワードの有効期限の例です。

アカウントとパスワードの有効期限の例

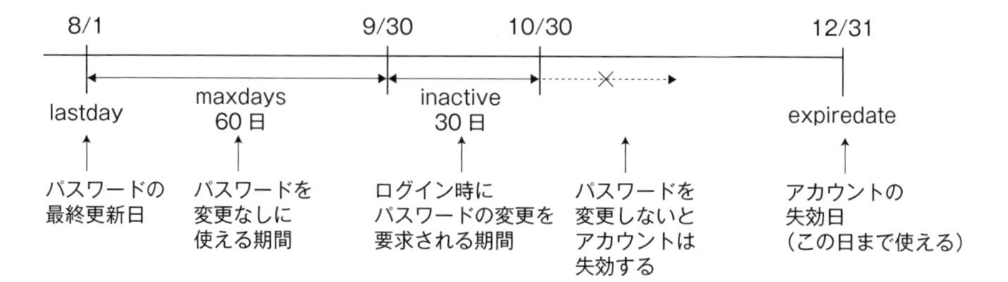

パスワードの有効期限を過ぎた後、アカウント失効までの猶予期間中は以下のようにログイン時にパスワードの変更を要求されます。

実行例

```
$ ssh  examserver -l ryo
ryo@examserver's password:
You are required to change your password immediately (password aged)
Last login: Mon Oct 22 20:03:41 2015 from examhost
WARNING: Your password has expired.
You must change your password now and login again!
Changing password for user ryo.
Changing password for ryo.
(current) UNIX password:
New password:
Retype new password:
passwd: all authentication tokens updated successfully.
Connection to examserver closed.
 (この後、再度ログインする)
```

パスワードを変更できる猶予期間を過ぎると、アカウント失効時と同じ以下のメッセージが表示されてログインはできなくなります。

実行例

```
$ ssh  examserver -l ryo
ryo@examserver's password:
Your account has expired; please contact your system administrator
Connection closed by 172.16.210.149
```

《答え》E

問題 3-17

重要度《★★★》 □□□

ユーザのパスワードの有効期限あるいはパスワード失効までの猶予期間を変更できるコマンドを3つ選択してください。

A. usermod　　**B.** passwd
C. chattr　　**D.** chage
E. setacl

《解説》 passwdあるいはchageコマンドはパスワードの有効期限とパスワード失効までの猶予期間を変更できます。 usermodコマンドはパスワード失効までの猶予期間を変更できます。
パスワードとアカウントの有効期限を設定、変更するコマンドとオプションは以下のとおりです。

パスワードとアカウントの有効期限変更コマンド

コマンド	maxdays(パスワードが変更なしで有効な最長日数)	inactive(パスワード失効までの猶予日数)	expiredate(アカウントの失効日)
useradd	(デフォルト値は/etc/login.defsを参照) -	useradd -D -f useradd -f	useradd -D -e useradd -e
usermod	-	usermod -f	usermod -e
chage	chage -M	chage -I	chage -E
passwd	passwd -x	passwd -i	-

以下の例ではpasswdコマンドの-x (expire) オプションによりユーザyukoのパスワードの有効期限を60日に、 -i (inactive) オプションにより期限を過ぎてから無効になるまでにパスワードを変更できる期間を30日に設定しています。

passwd コマンドの実行例

```
# passwd -x 60 yuko
ユーザ yuko のエージングデータを調節。
passwd: 成功
# passwd -i 30 yuko
ユーザ yuko のエージングデータを調節。
passwd: 成功
# chage -l yuko | head -3
Last password change                                    : May 28, 2015
Password expires                                        : Jul 27, 2015
Password inactive                                       : Aug 26, 2015
```

以下の例ではchageコマンドの-M (maxdays) オプションによりユーザryoのパスワードの有効期限を60日に、 -I (inactive) オプションにより期限を過ぎてから無効になるまでにパスワードを変更できる期間を30日に設定しています。

chage コマンドの実行例

```
# chage -M 60 ryo
# chage -I 30 ryo
# chage -l ryo | head -3
Last password change                                    : May 28, 2015
Password expires                                        : Jul 27, 2015
Password inactive                                       : Aug 26, 2015
```

以下の例ではusermodコマンドの-fオプションにより、ユーザmanaのパスワードが有効期限を過ぎてから無効になるまでの期間を30日に設定しています。この期間内にパスワードを変更すれば、新たにその日からパスワードの有効期間となります。

usermod コマンドの実行例

```
# usermod -f 30 mana
# chage -l mana |head -3
Last password change            : Jul 07, 2015
Password expires                : Sep 05, 2015
Password inactive               : Oct 05, 2015
```

《答え》A、B、D

問題 3-18

重要度《★★★》 □□□

ユーザyukoのアカウント自体は有効なままにして、対話的なログインをできないようにしたい場合、適切な方法を2つ選択してください。

A. userdel yuko
B. usermod -u uid yuko
C. usermod -s /sbin/nologin yuko
D. chsh -s /bin/false yuko

《解説》ログインシェルに/bin/falseを指定することにより、対話的なログインを禁止することができます。 falseコマンドは何もせずに単に返り値1(false:偽)を返すコマンドです。ユーザはログインするとfalseコマンドが実行されるため、ログアウトさせられます。
また、ログインシェルを/sbin/nologinに設定することもできます。 nologinコマンドはアカウントが現在使えない旨のメッセージを表示するコマンドです。ユーザがログインするとnologinコマンドが実行されて「This account is currently not available.」のメッセージが表示された後、ログアウトさせられます。
ログインシェルの変更にはusermodコマンド、あるいはユーザのログインシェルを変更するための専用コマンドであるchsh(change shell)を使用します。したがって、選択肢Cと選択肢Dが正解です。

構文 **usermod -s ログインシェル ユーザ名**

構文 **chsh -s ログインシェル ユーザ名**

以下の例ではusermodコマンドでユーザyukoのログインシェルを/sbin/nologinに、chshコマンドでユーザryoのログインシェルを/bin/falseに変更しています。

実行例

```
# usermod -s /sbin/nologin yuko
# grep yuko /etc/passwd
yuko:x:1000:1000::/home/yuko:/sbin/nologin

# chsh -s /bin/false ryo
Changing shell for ryo.
chsh: Warning: "/bin/false" is not listed in /etc/shells.

# grep ryo /etc/passwd
ryo:x:1001:1001::/home/ryo:/bin/false
```

/bin/falseが/etc/shellsに登録されていない場合は警告が出る

examhostホストにsshでyukoとryoがログインを試みます。パスワード入力後、強制的に切断されていることがわかります。

実行例

```
$ ssh examhost -l yuko
yuko@examhost's password:
This account is currently not available.
Connection to examhost closed.

$ ssh examhost -l ryo
ryo@examhost's password:
Connection to examhost closed.
```

userdelコマンドはアカウントを削除するコマンドなので選択肢Aは誤りです。「usermod -u」でuidを変更してもログインはできるので選択肢Bは誤りです。

《答え》 C、D

問題 3-19

重要度《★★★》 □□□

ユーザのアカウントを削除はせずに、ログインできないようにロックする手順を以下の選択肢から1つ選んでください。

A. passwd -d ユーザ名
B. エディタで/etc/shadowファイルの最後のフィールドを削除する
C. エディタで/etc/passwdの最初の：の後に＊を挿入する
D. userdel ユーザ名

《解説》/etc/shadowファイルを使っているか否かにかかわらず、 /etc/passwdの第2フィールドに*あるいは!を指定すると、PAMの認証モジュールpam_unix.soは/etc/shadowの参照や暗号化パスワードとしての処理をせず、その時点でログインを拒否します。
ログイン時に表示されるメッセージはパスワードを間違えた時と同じになります。

《答え》C

問題 3-20

重要度《★★☆》

特定ユーザのアカウントをロックすることができるコマンドラインはどれですか？ 適切なコマンドを2つ選択してください。

A. usermod -l ユーザ名
B. usermod -u ユーザ名
C. usermod -L ユーザ名
D. usermod -U ユーザ名
E. passwd -l ユーザ名
F. passwd -u ユーザ名

《解説》「usermod -L」あるいは「passwd -l」コマンドでアカウントをロックできます。したがって、選択肢Cと選択肢Eが正解です。
「usermod -L」は暗号化されたパスワードの先頭に '!' を追加してロックします。
「usermod -U」は暗号化されたパスワードの先頭の '!' を削除してアンロックします。「passwd -l」は、暗号化されたパスワードの先頭に '!!' を追加してロックします。
「passwd -u」は暗号化されたパスワードの先頭からの連続した '!' を削除してアンロックします。
ロックされた時のログイン時に表示されるメッセージはパスワードを間違えた時と同じになります。

《答え》C、E

問題 3-21

重要度《★★★》

root以外のuid500未満のアカウントはどのような目的で用意されていますか？　1つ選択してください。

A. デーモンやディレクトリの所有者として利用するシステムアカウント
B. root以外のシステム管理者のアカウント
C. ネットワークを介して利用するリモートユーザのアカウント
D. 権限のない一般ユーザのアカウント

《解説》 root以外のuid500未満のアカウントはデーモンやディレクトリの所有者として利用するシステムアカウントとして用意されています。ディストリビューションによって、システムアカウントのuidは100未満、500未満、1000未満など、異なっていることもあります。

以下、/etc/passwdファイルに登録されているシステムアカウントの例です。

bin、daemon、adm、lpはログインアカウントではないので最終フィールドに/sbin/nologinが設定されています。デーモンやシステムディレクトリの所有者として利用されます。

/etc/passwd ファイルの例

```
root:x:0:0:root:/root:/bin/bash
bin:x:1:1:bin:/bin:/sbin/nologin
daemon:x:2:2:daemon:/sbin:/sbin/nologin
adm:x:3:4:adm:/var/adm:/sbin/nologin
lp:x:4:7:lp:/var/spool/lpd:/sbin/nologin
.....（以下省略）.....
```

《答え》 A

問題 3-22

重要度《★★★》

すべての一般ユーザの対話的なログインを一時的に中止するファイルは何ですか？　ファイル名を記述してください。

/etc/________

《解説》rootが「touch /etc/nologin」としてファイルを作ると、一般ユーザはそれ以降はログインできなくなります。/etc/nologinにメッセージを格納した場合は、そのメッセージがログイン時に表示されてユーザはログインを拒否されます。ただし、rootはログインできます。このファイルを削除すればまた通常の状態に戻ります。

実行例

```
# touch /etc/nologin    ← examhost 上で実行する

$ ssh examhost          ← examhost にログインを試みる
yuko@localhost's password:
Connection closed by ::1

# vi /etc/nologin       ← examhost 上で実行する
login currently inhibited for maintenance.

$ ssh examhost          ← examhost にログインを試みる
yuko@examhost's password:
login currently inhibited for maintenance.
Connection closed by ::1
```

《答え》nologin

問題 3-23

重要度《★★☆》

lastコマンドが参照するファイルは何ですか？　絶対パスで記述してください。

《解説》lastコマンドは最近ログインしたユーザのリストを表示するコマンドです。
このコマンドは/var/log/wtmpを参照します。wtmpファイルにはユーザのログイン履歴が記録されています。

実行例

```
$ last
root     pts/2        examhost          Mon May 28 14:26   still logged in
yuko     pts/1        :0.0              Mon May 28 12:42   still logged in
yuko     pts/0        :0.0              Mon May 28 12:32   still logged in
yuko     tty1         :0                Mon May 28 12:04   still logged in
reboot   system boot  2.6.32-131.6.1.e  Mon May 28 12:03 - 14:32  (02:28)
ryo      pts/2        :0.0              Mon May 28 10:14 - 10:36  (00:22)
mana     pts/1        :0.0              Sun May 27 10:56 - 22:25  (11:28)
.....（途中省略）.....
wtmp begins Wed Mar 21 08:49:12 2012
```

《答え》 /var/log/wtmp

問題 3-24

重要度《★★☆》 □□□

一般ユーザがwhoコマンドを実行した時に現在ログインしているユーザの情報を表示しないようにしたいと思います。このため、ログインしているユーザを記録しているファイル/var/run/________のパーミッションをrootしか読めないように変更することにしました。下線部に該当するファイルを記述してください。

《解説》 wコマンド、 whoコマンドは現在ログインしているユーザのリストを表示します。これらのコマンドは/var/run/utmpファイルを参照します。

実行例

```
$ who
root     tty1         2015-05-28 14:50
yuko     pts/0        2015-05-28 14:51 (192.168.122.1)
$ w
 14:54:55 up 2 days,  1:44,  2 users,  load average: 0.00, 0.01, 0.00
USER     TTY      FROM             LOGIN@   IDLE   JCPU   PCPU   WHAT
root     tty1     -                14:50    3:27   0.06s  0.06s  -bash
yuko     pts/0    192.168.122.1    14:51    0.00s  0.07s  0.02s  w
```

《答え》 utmp

問題 3-25

重要度《★★★》 □□□

プログラムのリソースなどを制限するコマンドは何ですか？　コマンド名を記述してください。

《解説》 ulimitはシェルとシェルから生成されるプロセスのリソースを制限するためのシェルの組み込みコマンドです。
ファイルの個数やサイズ、メモリの使用量などを制限できます。

構文 `ulimit [オプション [値] ]`

オプション

主なオプション	説明
-a	現在のすべての設定を表示
-c	コアダンプで生成されるcoreファイルの最大サイズ(単位はブロック)を制限
-n	オープンできるファイル(ファイル記述子)の最大個数を制限
-m	プロセスの物理メモリ上で使用できる最大サイズ(単位はキロバイト)を制限。ただし2.6以降のカーネルでは制限を加えることはできない
-v	プロセスの仮想メモリの最大サイズ(単位はキロバイト)を制限

実行例

```
$ ulimit -a ――――――――――――――――― 現在のすべての設定を表示
core file size          (blocks, -c) 0
data seg size           (kbytes, -d) unlimited
scheduling priority             (-e) 0
file size               (blocks, -f) unlimited
.....（以下省略）.....

$ ulimit -c
0
$ ulimit -c `echo 1024*16|bc` ―― コアダンプのサイズを16kブロック(16MB)に制限
$ ulimit -c
16384

$ ulimit -n
1024
$ ulimit -n 20 ―― オープンできるファイルの数を20個に制限
$ ulimit -n
20

$ ulimit  -v 120000 ―― 仮想メモリの最大サイズを120MBに制限
$ ulimit  -v
120000
$ date ―― 実行できる
Sun Aug 23 18:25:30 JST 2015
$ gimp ―― 必要な仮想メモリのサイズを割り当てられず、実行できない
gimp: error .....（途中省略）..... : Cannot allocate memory
```

《答え》 ulimit

4章 システムサービスの管理

本章のポイント

❖ジョブスケジューリング

指定した時刻に特定のコマンドを定期的に実行するcrondデーモン によるジョブスケジューリングとcrontabコマンドによる設定について理解します。
また、指定した時刻に特定のコマンドを1回だけ実行するatdデーモンによるジョブスケジューリングとatコマンドの使い方を理解します。

重要キーワード

ファイル：/etc/crontab、/etc/cron.allow、/etc/cron.deny、/etc/at.allow、/etc/at.deny、/var/spool/cron

コマンド：crontab、crond、anacron、at、atq、atrm、batch

❖システム時刻の管理

Linuxシステムの時刻を管理するシステムクロックの表示と設定、システムが停止している間も時刻を進めているハードウェアクロックの設定、ネットワーク上で時刻の同期を取るNTPのコマンドとデーモンについて理解します。

重要キーワード

ファイル：/etc/ntp.conf、/etc/localtime、/usr/share/zoneinfo

コマンド：date、hwclock、ntpdate、ntpd

その他：システムクロック、ハードウェアクロック、リファレンスクロック、NTP、UTC、TZ（環境変数）

❖システムログの管理

カーネルやアプリケーションのログを管理するsyslogの設定とログファイルの管理について理解します。

重要キーワード

ファイル：/etc/syslog.conf、/etc/rsyslog.conf

コマンド：syslogd、rsyslogd、systemd-journald、journalctl、logrotate、logger

❖プリンタの管理

Linux標準の印刷システムであるCUPSの仕組みと設定、印刷コマンドについて理解します。またSystemV系とBSD系のコマンドラインインタフェースについても理解します。

重要キーワード

ファイル：etc/cups/printers、/etc/cups/cups.conf

コマンド：cupsd、lpd、lpadmin、lpstat、lpc、lpq、lprm、lp、lpr、cupsenable、cupsdisable、cupsaccept、cupsreject

その他：PPD、Ghostscript

❖国際化（i18n）と地域化（L10N）

プログラムコードを変更することなく多様な文字セットや地域に対応できるようにすることを国際化（Internationalization、i18n：インターナショナリゼーション）といいます。また、特定の地域の文字セットや地域に対応させることを地域化（Localization、L10n：ローカリゼーション）といいます。
コンピュータソフトウェアでは国際化と地域化のために、言語・国・地域の表記をロケールで定義しています。本書ではロケールの表示や設定方法を理解します。

重要キーワード

コマンド：locale

その他：LANG（環境変数）、LC_CTYPE（ロケール変数）、LC_MESSAGES（ロケール変数）

問題 4-1

重要度《★★★》

決められた時刻に定期的に特定のコマンドを実行させるためのコマンドは何ですか？
適切なものを1つ選択してください。

A. at　　**B.** batch
C. crontab　　**D.** cron

《解説》 決められた時刻に特定のコマンドを定期的に実行する機能はcronと呼ばれるジョブスケジューラによって提供されます。

Linuxで採用されているcronはPaul Vixie氏が開発したVixie cronがベースになっています。

ユーザはcrontabコマンドによって定期的に実行するコマンドと時刻を設定します。指定した時刻になるとcrondデーモンによって指定したコマンドが実行されます。

crondデーモンはRedHat系ではcrond（/usr/sbin/crond）、Debian系ではcron（/usr/sbin/cron）です。

また、ユーザによるcrontabコマンドの設定とは別に、システムの保守にもcron機能は利用されます。locateコマンドから参照されるファイル検索データベースの定期的な更新や、ログファイルの定期的なローテーションなど、システム保守のためのコマンドの定期実行はcronから起動されるanacronにより行われます。

atとbatchは指定したコマンドを1回だけ実行します。atとbatchについては、問題4-9の解説を参照してください。

参考

Vixie cronは1987年にPaul Vixie氏が開発し、1993年にバージョン3がリリースされました。その後、Paul Vixie氏などのメンバによって設立されたISC（Internet Software Consortium。現在はInternet Systems Consortium）からISC cronの名前でバージョン4.1がリリースされました。2007年、バージョン4.1からcronieプロジェクトのcronが派生しました。RedHat系ではcronieプロジェクトのcronが、Debian系ではVixie cronバージョン3が使われています。

《答え》 C

問題 4-2

重要度《★★★》 □□□

システムのログのローテーションや不要なファイルの削除など、保守のためのコマンドが/etc/cron.daily、/etc/cron.weekly、/etc/cron.monthlyディレクトリ以下に置かれています。このコマンドを定期的に実行するプログラムはどれですか？　1つ選択してください。

A. cron　　**B.** crontab
C. anacron　　**D.** anacrontab

《解説》 選択肢Cのanacron（/usr/sbin/anacron）が実行します。anacronはコマンドを日単位の間隔で定期的に実行します。システム管理者がシステムの保守のために設定します。anacronはcronデーモンによって起動されます。cronデーモンは/var/spool/cronと/etc/cron.dディレクトリ以下の設定ファイルおよび/etc/crontabファイルを実行します。

cronデーモンは/etc/cron.dの下の設定ファイルからrun-parts（/usr/bin/run-parts）スクリプトによってanacronを起動します。anacronは/etc/anacrontabの設定に従い、/etc/cron.daily（1日ごと）、/etc/cron.weekly（1週間ごと）、/etc/cron.monthly（1か月ごと）ディレクトリの下のコマンドを実行します。anacronプロセスは常駐するのではなく、コマンド実行後は終了します。

/var/spool/cronディレクトリの下に作成されるユーザのcrontabは6つのフィールドから構成されます。ユーザのcrontabのフォーマットについては問題4-4の解説を参照してください。

システムのcrontabである/etc/crontabはユーザのcrontabと同じ6つのフィールドに加えて、実行するユーザ名を指定し、スペース（空白文字）を区切りとして全部で7つのフィールドから構成されます。

書式 **①分 ②時 ③日 ④月 ⑤曜日 ⑥ユーザ名 ⑦コマンド**

6番目にユーザ名を指定すること以外はユーザのcrontabと同じです。書式の詳細はユーザのcrontabの説明を参照してください。

以下はCentOSの/etc/crontabの例です。

CentOS 6、CentOS 7の/etc/crontabの例（抜粋）

```
# Example of job definition:
# .---------------- minute (0 - 59)
# |  .------------- hour (0 - 23)
# |  |  .---------- day of month (1 - 31)
# |  |  |  .------- month (1 - 12) OR jan,feb,mar,apr ...
# |  |  |  |  .---- day of week (0 - 6) (Sunday=0 or 7) OR
# |  |  |  |  |      sun,mon,tue,wed,thu,fri,sat
# *  *  *  *  * user-name  command to be executed
```

インストール時の/etc/crontabは変数の設定以外はコメントになっています。この例は、インストール時の/etc/crontabの中の各フィールドを説明するコメント部分です。

CentOS 5の/etc/crontabの例（抜粋）

```
# run-parts
01 * * * * root run-parts /etc/cron.hourly
02 4 * * * root run-parts /etc/cron.daily
22 4 * * 0 root run-parts /etc/cron.weekly
42 4 1 * * root run-parts /etc/cron.monthly
```

この例では、シェルスクリプトrun-partsが実行するコマンドとして指定され、その後にコマンドの引数が指定されています。

《答え》C

問題 4-3

重要度《★★☆》

コマンドを定期的に実行するためにcrontabの設定を行う場合、実行するコマンドを必要なオプションも付けて記述してください。

《解説》crontabを設定するにはcrontabコマンドに-eオプションを付けて実行します。これにより編集のためのエディタが起動します。

crontabコマンドのオプション

オプション	説明
-e	crontabの編集
-l	crontabの表示
-r	crontabの削除

デフォルトのエディタはviですが、環境変数VISUALまたはEDITORに別のエディタを指定することもできます。

実行例

```
$ export EDITOR=gedit
$ crontab -e
```

上記を実行するとgeditが起動します。

crontabの設定ファイルは/var/spool/cronディレクトリの下にコマンドを実行したユーザ名をファイル名として作成されます。

/var/spool/cronディレクトリはrootユーザしかアクセスできないため、crontabコマンドにはSUIDビットが設定されています（SUIDについては、「第1部 101試験」を参照してください）。

編集が終了しcrontabコマンドが終了すると、/var/spool/cronディレクトリを監視しているcrondは変更を検知し、新しいファイルをリロードします。

編集する内容については問題4-4の解説を参照してください。

crontabの設定内容は-lオプションを付けて実行することで表示できます。

実行例

```
$ crontab -l
0 1 * * * command
```

crontabの設定ファイルは-rオプションを付けて実行することで削除できます。

実行例

```
$ crontab -r
$ crontab -l
no crontab for user01
```

《答え》 crontab -e

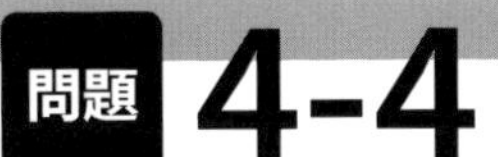

問題 4-4

重要度《★★★》 □□□

cron機能を利用してcommandを毎日1回夜中の午前1時に実行する場合、crontabの記述で正しいものを1つ選択してください。

A. 1 * * * * command　　**B.** 0 1 * * * command
C. 0 0 1 * * command　　**D.** 0 0 0 1 * command

《解説》 crontabのエントリは6つのフィールドからなっています。

crontabの書式

フィールド	説明
分	0-59
時	0-23
日	1-31
月	1-12
曜日	0-6(0が日曜)
コマンド	実行するコマンドを指定

第1～第5フィールドで*を指定するとすべての数字に一致します。
したがって、この問題の答えは次のようになります。

答え

```
分      時      日      月      曜日     コマンド
0       1       *       *       *       command
```

《答え》B

問題 4-5

重要度《★★★》 □□□

毎週月曜から木曜のPM3:00からPM5:00の間の毎時0分に、プログラム/usr/local/bin/cleanupを実行する場合、正しいものを1つ選択してください。

A. 0 15-17 * * * /usr/local/bin/cleanup
B. 0 15-17 * * 1-4 /usr/local/bin/cleanup
C. /usr/local/bin/cleanup 15-17 0
D. /usr/local/bin/cleanup - 15,16,17 0

《解説》第1フィールドから第5フィールドは*のほか、次の指定が使えます。

様々な指定方法

フィールド表記	説明
*	すべての数字に一致
-	範囲の指定 例)「時」に15-17を指定すると、15時、16時、17時を表す。「曜日」に1-4を指定すると、月曜、火曜、水曜、木曜を表す
,	リストの指定 例)「分」に0,15,30,45を指定すると、0分、15分、30分、45分を表す
/	数値による間隔指定 例)「分」に10-20/2を指定すると10分から20分の間で2分間隔を表す。「分」に*/2を指定するとその時間内で2分間隔を表す

したがって選択肢Bが正しい記述です。

《答え》 B

問題 4-6

重要度《★★★》 □□□

crontabの説明で正しいものはどれですか？　2つ選択してください。

A. crontab設定ファイルのエントリのフィールド数は7である
B. crontab設定ファイルのエントリで間隔を指定する場合は「*/間隔」と記述する
C. ユーザのcrontabファイルは/var/spool/cronディレクトリの下にユーザ名のファイルとして作成される
D. システムのcrontabは/var/lib/crontabである

《解説》 問題4-4で解説したとおり、フィールドの数は6です。したがって選択肢Aは誤りです。問題4-5で解説したとおり、間隔の指定は「*/間隔」(例：分のフィールドで「*/2」とすれば2分間隔)とします。したがって選択肢Bは正解です。問題4-3で解説したとおり、ユーザのcrontabファイルは/var/spool/cronディレクトリの下にユーザ名のファイルとして作成されます。したがって選択肢Cは正解です。問題4-2で解説したとおり、システムのcrontabは/etc/crontabです。したがって選択肢Dは誤りです。

《答え》 B、C

問題 4-7

重要度《★★★》 □□□

ユーザがcrontabコマンドを実行しようとしたところ権限がありませんでした。ある設定ファイルからそのユーザ名を削除することによって実行できるようにしたい場合、変更すべきファイルを絶対パスで記述してください。

《解説》 /etc/cron.allowファイルと/etc/cron.denyファイルでcronを利用するユーザを制限できます。

- **cron.allowがある場合、ファイルに記述されているユーザがcronを利用できる**
- **cron.allowがなくcron.denyがあるとき、cron.denyに記述されていないユーザがcronを利用できる**
- **cron.allowとcron.denyが両方ともない場合は、すべてのユーザが利用できる**

《答え》/etc/cron.deny

問題 4-8

重要度《★★★》

crontabの各エントリの最後の文字は何ですか？　1つ選択してください。

A. スペース
B. 改行
C. :
D. ;

《解説》crontabは1行で1エントリとなるので、エントリの最後の文字は改行コードとなります。

《答え》B

問題 4-9

重要度《★★★》

指定したコマンドを1回だけ実行するように設定するコマンドはどれですか？　適切なものを2つ選択してください。

A. at
B. reserve
C. batch
D. cron

《解説》指定した時刻に指定したコマンドを1回だけ実行するには、atコマンドを使用します。
システムの負荷が低くなった時に指定したコマンドを1回だけ実行するにはbatchコマンドを使用します。
atまたはbatchコマンドによってキューに入れられたジョブはatd（/usr/sbin/atd）デーモンによって実行されます。

構文 **at [オプション] 時間**
batch [オプション]

どちらのコマンドで投入したジョブに対しても、atコマンドによる以下のオプションが使用可能です。

オプション

主なオプション	同等のコマンド	説明
-l	atq	実行ユーザのキューに入っているジョブ(未実行のジョブ)を表示する。rootが実行した場合はすべてのユーザのジョブを表示する
-c	atc	ジョブの内容を表示する
-d	atrm	ジョブを削除する

次のような時間や日付の指定ができます。

時間や日付の指定

主な時間指定	説明
HH:MM	例)10:15とすると10時15分に実行する
midnight	真夜中(深夜0時)
noon	正午
teatime	午後4時のお茶の時間
am、pm	例)10amとすると午前10時に実行する

主な日付指定	説明
MMDDYY、MM/DD/YY、MM.DD.YY	例)060112とすると2012年6月1日
today	今日
tomorrow	明日

以下は明日の10:00に、ターミナル/dev/pts/1へ、"The meeting starts!!"と表示する例です。

実行例

```
$ at 10:00 tomorrow
at> echo "The meeting starts!!" > /dev/pts/1
at> ^D <EOT>
job 5 at 2012-06-01 10:00
```

atコマンドを実行し、at>プロンプトでの設定が終了したら[Ctrl]+[d]で終了します。

《答え》A、C

問題 4-10

重要度《★★★》 □□□

atコマンドの説明で正しいものはどれですか？　2つ選択してください。

A. 「at -q」でキューに入っている実行待ちのジョブを表示
B. 「atq」でキューに入っている実行待ちのジョブを表示
C. 「at -r」でキューに入っている実行待ちのジョブを削除
D. 「atrm」でキューに入っている実行待ちのジョブを削除

《解説》問題4-9の解説のとおり、 atコマンドで登録されたジョブは指定した時間が来るまで実行待ちのキュー（Queue：待ち行列）に入り、時間になるとatdデーモンによって実行され、キューからは削除されます。
batchコマンドで登録されたジョブはシステムの負荷が低くなるまで実行待ちのキュー（Queue：待ち行列）に入り、システムの負荷が低くなるとatdデーモンによって実行され、キューからは削除されます。
実行待ちのキューに入っているジョブを表示するにはatqコマンド、あるいは「at -l」コマンドを実行します。

実行例

```
$ at -l
3       Fri Jul 10 10:00:00 2015 a yuko
```

問題4-9の解説のとおり、実行待ちのキューに入れられたジョブを削除するにはatrmコマンド、あるいは「at -d」コマンドを実行します。引数にはジョブ番号を指定します。
以下の例ではジョブ番号3のジョブを削除しています。

実行例

```
$ atrm 3
```

《答え》B、D

問題 4-11

重要度《★★★》 □□□

特定のユーザのatコマンドとbatchコマンドの使用を禁止したい場合、禁止するユーザを追加して編集するファイルの名前を記述してください。

《解説》/etc/at.allowに登録されたユーザは、 atコマンドとbatchコマンドの実行を許可されます。 /etc/at.denyに登録されたユーザは、 atコマンドとbatchコマンドの実行を拒否されます。

《答え》/etc/at.deny

問題 4-12

重要度《★★★》 □□□

システムの時刻を表示するコマンドは何ですか？　記述してください。

《解説》 Linuxシステムの時刻はシステムクロック（system clock）によって管理されています。システムクロックはLinuxカーネルのメモリ上に次の2つのデータとして保持され、インターバルタイマーの割り込みにより、時計を進めます。

- **1970年1月1日0時0分0秒からの経過秒数**
- **現在秒からの経過ナノ秒数**

xclockのような時計のアプリケーションや、iノードに記録されるファイルへのアクセス時刻、サーバプロセスやカーネルがログに記録するイベント発生の時刻などはすべてシステムクロックの時刻が参照されます。このシステムクロックの時刻を表示するのがdateコマンドです。

実行例

```
$ date
2015年 10月  8日 木曜日 18:25:52 JST
```

時刻の表示にはUTC（協定世界時）とローカルタイム（地域標準時）の2種類があります。UTC（Coordinated Universal Time）は原子時計を基に定められた世界共通の標準時で、天体観測を基にしたGMT（グリニッジ標準時）とほぼ同じです。

ローカルタイムは国や地域に共通の地域標準時であり、日本の場合はJST（Japan Standard Time：日本標準時）となります。UTCとJSTでは9時間の時差があり、JSTがUTCより9時間進んでいます。

この時差情報は/usr/share/zoneinfoディレクトリの下に、ローカルタイムごとにファイルに格納されています。Linuxシステムのインストール時に指定するタイムゾーンによって、対応するファイルが/etc/localtimeファイルにコピーされて使用されます。

タイムゾーンに「アジア／東京」を選んだ場合は、/usr/share/zoneinfo/Asia/Tokyoが/etc/localtimeにコピーされ、ローカルタイムはJSTとなります。システムクロックはUTCを使用しています。上記の例のようにJSTで表示する場合は、/etc/localtimeの時差情報を基にUTCをJSTに変換して表示します。

なお、ディストリビューションやバージョンによっては、/etc/localtimeは/usr/share/zoneinfoディレクトリの下のタイムゾーンファイルへのシンボリックリンクになっている場合もあります。

dateコマンドは日時を様々な形式で表示することもできます。表示形式の指定については「第1部 101試験」の第1章を参照してください。

dateコマンドでUTCのまま表示することもできます。

実行例

```
$ date --utc
2015年 10月  8日 木曜日 09:25:52 UTC
```

また、dateコマンドでシステムクロックの設定ができます。ただし設定できるのはrootユーザのみです。
以下の例では日付を2015年10月10日9時30分に設定しています。

実行例

```
# date 1010093015
2015年 10月 10日 土曜日 09:30:00 JST
```

引数に月日時分年を2桁ずつ（MMDDhhmmYY）で指定します。MMは月、DDは日、hhは時間、mmは分、YYは年であり、年は西暦の下2桁です。
現在と同じ年であれば、年の指定は省略できます。これにより/etc/localtimeを参照し、ローカルタイムをUTCに変換してシステムクロックが設定されます。

《答え》 date

問題 4-13

重要度《★★★》 □□□

コマンド実行時にタイムゾーンを変更して時刻を表示する方法はどれですか？ 3つ選択してください。

A. TZ=New_York date
B. TZ=UTC date
C. date --New_York
D. date --utc

《解説》 変数TZでタイムゾーンを指定できます。選択肢Aではタイムゾーンをローカルタイムの New_Yorkに指定してdateコマンドを実行しています。選択肢Bではタイムゾーンを UTCに指定してdateコマンドを実行しています。したがって選択肢Aと選択肢Bは正解です。なお、子プロセスに引き継ぐためにはTZを環境変数にします。
dateコマンドのオプションでタイムゾーンを指定できるのは、-u、--utc、--universal の3通りだけです。したがって選択肢Cは誤り、選択肢Dは正解です。
なお、TZに設定する値は、tzselectコマンドで選択および表示することができます。以下は、日本標準時に設定する値を表示する例です。

実行例

```
$ tzselect
Please identify a location so that time zone rules can be set correctly.
Please select a continent or ocean.
 1) Africa
 2) Americas
 3) Antarctica
 4) Arctic Ocean
 5) Asia
.....（以下省略）.....
#? 5 ―――――――――――― Asiaを選択
Please select a country.
 1) Afghanistan         18) Israel          35) Palestine
 2) Armenia             19) Japan           36) Philippines
.....（以下省略）.....
#? 19 ――――――――――― Japanを選択

.....（途中省略）.....
Therefore TZ='Asia/Tokyo' will be used.
Local time is now: Sun Aug 23 23:28:49 JST 2015.
Universal Time is now:      Sun Aug 23 14:28:49 UTC 2015.
Is the above information OK?
1) Yes
2) No
#? 1 ―― Yesを選択
                                                      TZの値が表示される
You can make this change permanent for yourself by appending the line
        TZ='Asia/Tokyo'; export TZ
to the file '.profile' in your home directory; then log out and log in again.
.....（以下省略）.....
```

《答え》 A、B、D

問題 4-14

重要度《★★★》

/etc/localtimeについての説明で正しいものはどれですか？　2つ選択してください。

A. Japan、London、New_Yorkなどのタイムゾーン名が記述されたプレーンテキストファイルである

B. Japan、London、New_Yorkなどのタイムゾーンファイルのコピーかシンボリックリンクである

C. UTCの時刻を持つシステムクロックからローカルタイムへ変換するための時差情報が格納されている

D. ローカルタイムの時刻を持つシステムクロックである

《解説》問題4-12の解説のとおり、/etc/localtimeにはシステムクロックの時刻からローカルタイムへ変換するための時差情報が格納されています。したがって、選択肢Cは正解、選択肢Dは誤りです。
Linuxのインストール時に指定したタイムゾーンに対応する/usr/share/zoneinfoの下のファイルがコピーされます。なお、ディストリビューションやバージョンによってはシンボリックリンクとして作成される場合もあります。したがって、選択肢Bは正解、選択肢Aは誤りです。

《答え》B、C

問題 4-15

重要度《★★★》 □□□

NTPによりシステム時刻を正しく設定しました。ハードウェアクロック(RTC)もこのシステム時刻に合わせたい場合、___に適切なコマンドを記述してください。

________ -u --systohc

《解説》ハードウェアクロックは、マザーボード上のICによって提供される時計です。このICはバッテリーのバックアップがあるので、PCの電源を切っても時計が進みます。RTC (Real Time Clock)あるいはCMOSクロックとも呼ばれます。
hwclockコマンドによって、ハードウェアクロックをシステムクロックに、またシステムクロックをハードウェアクロックに合わせることができます。

- **ハードウェアクロックをシステムクロックに合わせるには--systohcまたは-wオプションを指定する**
- **システムクロックをハードウェアクロックに合わせるには--hctosysまたは-sオプションを指定する**

ハードウェアクロックの時刻はLinuxシステム立ち上げ時にhwclockコマンドで読み取られ、システムクロックに設定されます。また、システムの停止時に、hwclockコマンドによってシステムクロックの時刻がハードウェアクロックに設定されます。
問題にある-uオプションはutcの指定です。

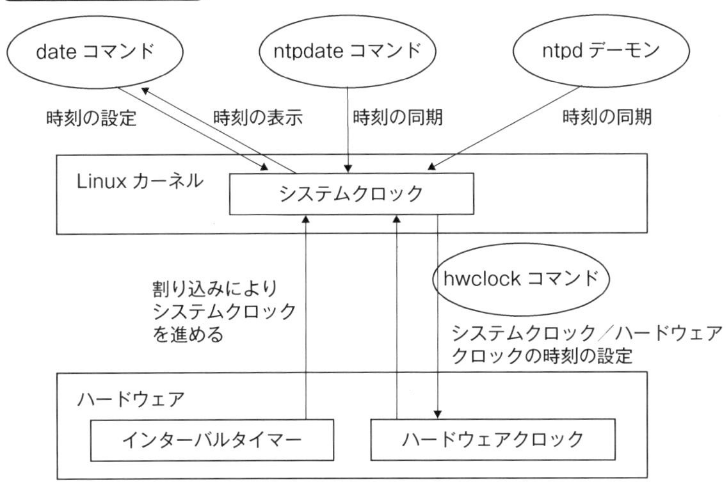

なお、 NTPは時刻の同期を取るためのプロトコルです。詳細は問題4-17以降で解説します。

《答え》 hwclock

CMOSクロック（ハードウェアクロック）にアクセスすることなく、システムクロックを設定するコマンドは何ですか？　記述してください。

《解説》 問題4-12で解説したとおり、 rootユーザはdateコマンドでシステムクロックの時刻を設定できます。

システムクロックをハードウェアクロックに合わせるコマンドは「hwclock --hctosys」ですが、 dateコマンドは直接システムクロックを設定します。

《答え》 date

問題 4-17

重要度《★★☆》

NTPを利用することにより、NTPサーバの時刻にシステム____を合わせることができます。____の部分に適切な英単語を記述してください。

《解説》 問題4-15の図にあるとおり、NTP（Network Time Protocol）を利用してシステムクロック（system clock）の時刻を設定できます。
NTPはコンピュータが、ネットワーク上のほかのコンピュータの時刻を参照して時刻の同期を取るためのプロトコルです。NTPでは時刻をstratumと呼ばれる階層で管理します。原子時計、GPS、標準電波が最上位の階層stratum0になり、それを時刻源とするNTPサーバがstratum1となります。stratum1のNTPサーバから時刻を受信するコンピュータ（NTPサーバあるいはNTPクライアント）はstratum2となります。最下位の階層stratum16まで階層化できます。

NTPによる時刻の階層

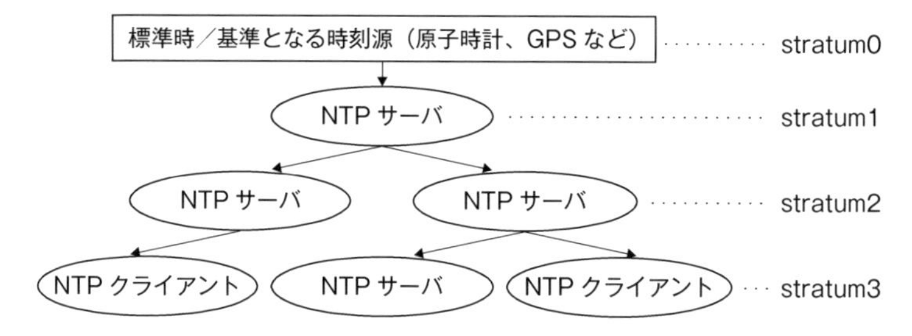

《答え》 clock

問題 4-18

重要度《★★★》

NTPクライアント（ntp client）プログラムについての説明で正しいものはどれですか？2つ選択してください。

A. NTPクライアントはリファレンスクロックを参照してシステムクロックの時刻を修正する
B. NTPクライアントによるNTPサーバとの時刻同期にはroot権限が必要である
C. ntpdateはNTPクライアントプログラムであり、NTPサーバの機能はない
D. ntpdはNTPクライアントプログラムであり、NTPサーバの機能はない

《解説》 問題4-17の解説のとおり、原子時計（セシウムクロック）、原子時計を持つ人工衛星からのGPS受信機、標準電波（日本では情報通信研究機構：NICTが運用）の受信機がNTPのリファレンスクロック（reference clock）で、stratum0となります。それを時刻源とするのがstratum1のNTPサーバです。したがって選択肢Aは誤りです。
NTPクライアントによるNTPサーバとの時刻同期にはroot権限が必要です。したがって選択肢Bは正解です。
ntpdateは外部NTPサーバの時刻を参照して時刻同期を行うコマンドですが、コマンド自体にはNTPサーバの機能はないので選択肢Cは正解です。
ntpdはRFC1305で規定されたNTPバージョン3互換のデーモンです。stratum上位の外部NTPサーバの時刻を参照してシステムクロックの時刻同期を行い、このシステムクロックにより外部ホストに対して時刻同期のサービスを提供するNTPサーバとなります。したがって選択肢Dは誤りです。

《答え》 B、C

問題 4-19

重要度《★★★》 □□□

NTPを使用してシステム時計を設定するコマンドは何ですか？ 記述してください。

《解説》 問題4-18の解説のとおり、ntpdateコマンドでNTPを利用した時刻の設定ができます。コマンドの引数にNTPサーバを指定します。

構文 **ntpdate [オプション] NTPサーバのリスト**

実行例

```
# ntpdate ntp.nict.jp
31 May 02:04:39 ntpdate[5313]: step time server 133.243.238.243 offset
-1.286623 sec
```

上記の実行例は、NTPサーバに情報通信研究機構（NICT）の公開サーバを指定しています。
実行結果にある「133.243.238.243」はNTPサーバのIPアドレスです。
「offset -1.286623 sec」は補正された時間です。負の値で表示されているので、元の時刻の進んでいた約1.3秒を減じられたことになります。
ntpdateは引数に複数のNTPサーバを指定することもできます。この場合、ntpdateの選定アルゴリズムにより最善のサーバを参照します。

以下の例では引数に「0.centos.pool.ntp.org 1.centos.pool.ntp.org ntp.nict.jp」として3台のホストを指定しています。その結果、参照したサーバはそのIPアドレスからntp.nict.jpであることがわかります。

実行例

```
# ntpdate 0.centos.pool.ntp.org 1.centos.pool.ntp.org ntp.nict.jp
 7 Jul 17:58:07 ntpdate[19369]: adjust time server 133.243.238.163 offset
-0.004527 sec

# host ntp.nict.jp
.....（途中省略）.....
ntp.nict.jp has address 133.243.238.163
```

公開NTPサーバは、一般的に、複数のサーバによるDNSラウンドロビン（正引きの問い合わせのたびに順繰りに異なったIPアドレスを返す）によってサーバの負荷分散を行っています。この仕組みのため、NTPサーバの指定では、IPアドレスではなく、上記の例のようにホスト名を指定することが推奨されています。

ntp.nict.jp の例

```
$ host ntp.nict.jp
ntp.nict.jp has address 133.243.238.163
ntp.nict.jp has address 133.243.238.164
ntp.nict.jp has address 133.243.238.243
ntp.nict.jp has address 133.243.238.244
.....（以下省略）.....
```

《答え》 ntpdate

問題 4-20

重要度《★★☆》 □□□

NTPサーバ（ntp.nict.jp）を使ってシステム時計（システムクロック）を設定する前に、システム時計の時刻が正しいかどうかを確認するコマンドを、オプションも付けて____の部分に記述してください。

________ ntp.nict.jp

《解説》 NTPサーバとシステム時計の差分（offset）を確認するには、ntpdateコマンドに-qオプションを付けます。

-qオプションを付けると、問い合わせ（Query）のみを行い、時計の設定は行いません。

実行例

```
# ntpdate -q ntp.nict.jp
31 May 02:19:09 ntpdate[5393]: step time server 133.243.238.243 offset
99.535574 sec
```

実行例のとおり、 offset 99.535574 secと補正すべき時間が正の値で表示されているので、システムクロックは約99秒遅れていることになります。

《答え》 ntpdate -q

問題 4-21

重要度《★★★》 □□□

NTPデーモンが参照する設定ファイルの名前は何ですか？　1つ選択してください。

A. /etc/ntp　　**B.** /etc/ntpd
C. /etc/ntpd.conf　　**D.** /etc/ntp.conf

《解説》 NTPデーモン（ntpd）はNTPにより時刻の同期を取るデーモンです。設定ファイル/etc/ntp.confで指定された1台以上のサーバに、指定された間隔で問い合わせを行い、メッセージを交換することにより時刻の同期を取ります。またNTPクライアントに時刻を配信します。

《答え》 D

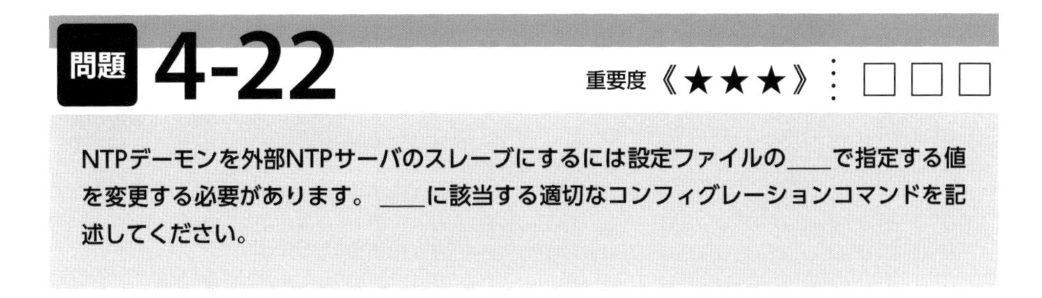

問題 4-22

重要度《★★★》 □□□

NTPデーモンを外部NTPサーバのスレーブにするには設定ファイルの____で指定する値を変更する必要があります。____に該当する適切なコンフィグレーションコマンドを記述してください。

《解説》 NTPデーモンが参照するファイルは/etc/ntp.confです。
/etc/ntp.confの第1フィールドはコンフィグレーションコマンドで、第2フィールド以降がそのコマンドの引数になります。
コンフィグレーションコマンド「server」の引数に参照する外部NTPサーバを指定します。

/etc/ntp.conf の抜粋

```
driftfile /var/lib/ntp/drift
#
restrict default kod nomodify notrap nopeer noquery
restrict 127.0.0.1
#
server 0.rhel.pool.ntp.org    外部NTPサーバを指定
server 1.rhel.pool.ntp.org    外部NTPサーバを指定
server 2.rhel.pool.ntp.org    外部NTPサーバを指定
#
server 127.127.1.0      # local clock
fudge  127.127.1.0 stratum 10
```

コンフィグレーションコマンド

主なコンフィグレーションコマンド	説明
driftfile	ntpdデーモンが計測した、NTPサーバの参照時刻からのインターバルタイマーの発振周波数のずれ(drift：ドリフト)をPPM(parts-per-million：0.0001%)単位で記録するファイルの名前を指定する
restrict	access control list(ACL)の指定。アドレス(最初のフィールド)がdefaultと書かれている行がデフォルトのエントリで、restrict行の最初のエントリとなる。defaultの右に禁止フラッグを指定する。アドレスがローカルホスト127.0.0.1と指定されたエントリのように、フラッグを指定しない場合はすべてのアクセスを許可する
server	リモートサーバのIPアドレスかDNS名、あるいは参照クロックのアドレス(127.127.x.x)を指定する
fudge	serverコマンドで参照クロックを指定した直後の行で、クロックドライバについてのstratumなどの追加情報を指定する

《答え》 server

問題 4-23

重要度《★★☆》 □□□

システムログを収集するソフトウェアについての説明で正しいものはどれですか？　3つ選択してください。

A. syslogはSyslogプロトコルに従ってシステムログを収集する
B. rsyslogの設定ファイルrsyslog.confはsyslogの設定ファイルsyslog.confと後方互換性がある
C. syslog-ngの設定ファイルsyslog-ng.confはsyslogの設定ファイルsyslog.confと後方互換性がある
D. systemd journalはrsyslogなどの他のsyslogソフトウェアと連携して使用することもできる

《解説》 システムログを収集するLinuxのソフトウェアとして、syslog、rsyslog、syslog-ng、systemd journalがあります。
syslogはこの4種類の中で最も古くから使用されてきました。1980年代にEric Allman氏(Sendmailの開発者)が開発し、その後、BSD UNIXで発展してきました。これをもとにRFC3164としてまとめられ、その後に追加された機能を含めて2009年にRFC5424によってSyslogプロトコルとして標準化されました。この中にはログメッセージの定義としてファシリティ(facility)、プライオリティ(priority)などが含まれています。したがって選択肢Aは正解です。

rsyslogはRainer Gerhards氏が主開発者であるrsyslogプロジェクトによって2004年から開発が始まりました。Syslogプロトコルをベースとして、TCPの利用、マルチスレッド対応、セキュリティの強化、各種データベース(MySQL、PostgreSQL、Oracle他)への対応などの特徴があります。rsyslogプロジェクトのホームページ(http://www.rsyslog.com/)によると、rsyslogは「Rocket-fast SYStem for LOG processing」の意とされています。設定ファイルrsyslog.confはsyslogの設定ファイルsyslog.confと後方互換性があります。したがって選択肢Bは正解です。

syslog-ngはBalázs Scheidler氏が主開発者であるsyslog-ngプロジェクトによって1998年から開発が始まりました。バージョン3.0からはRFC5424のSyslogプロトコルに対応し、TCPの利用やメッセージのフィルタリング機能などの特徴があります。主設定ファイルであるsyslog-ng.confは、syslogの設定ファイルsyslog.confとは書式が異なるため互換性はありません。したがって選択肢Cは誤りです。

systemd journalはsystemdが提供する機能の1つであり、systemdを採用したシステムでは、システムログの収集はsystemd journalのデーモンであるsystemd-journaldが行います。systemd-journaldはカーネル、サービス、アプリケーションから収集したログを不揮発性ストレージ(/var/log/journal/machine-id/*.journal)、あるいは揮発性ストレージ(/run/log/journal/machine-id/*.journal)に構造化したバイナリデータとして格納します。不揮発性ストレージではシステムを再起動してもファイルは残りますが、揮発性ストレージでは再起動すると消えてしまいます。
systemdを採用したシステムでは、揮発性ストレージとして利用される/runにはtmpfsがマウントされています。tmpfsはカーネルの内部メモリキャッシュ領域に作成され、時にスワップ領域も使用されます。揮発性あるいは不揮発性ストレージのどちらに格納するかは設定ファイルjournald.confの中でパラメータStorageにより指定します。格納されたログは、journalctlコマンドにより様々な形で検索と表示ができます。journalctlコマンドについては問題4-30の解説を参照してください。
systemd journalはSyslogプロトコル互換のインタフェース(/dev/log,/run/systemd/journal/syslog)も備えています。また、収集したシステムログをrsyslogdなどの他のSyslogデーモンに転送して格納する構成にすることもできます。したがって選択肢Dは正解です。

systemd-journald によるロギング

カーネル

サービス
(systemd から起動)

アプリケーション
(例：logger)

ライブラリ関数 syslog() を実行

/dev/kmsg

stdout/stderr

/dev/log

/dev/log はソケットファイル
/run/systemd/journal/dev-log
へのシンボリックリンク

systemd-journald

/etc/systemd/journald.conf

[Journal]
Storage=auto

/var/log/journal/*machine-id*/*.journal
(不揮発性ストレージ)

/run/log/journal/*machine-id*/*.journal
(揮発性ストレージ)

systemd-journald と rsyslogd によるロギング

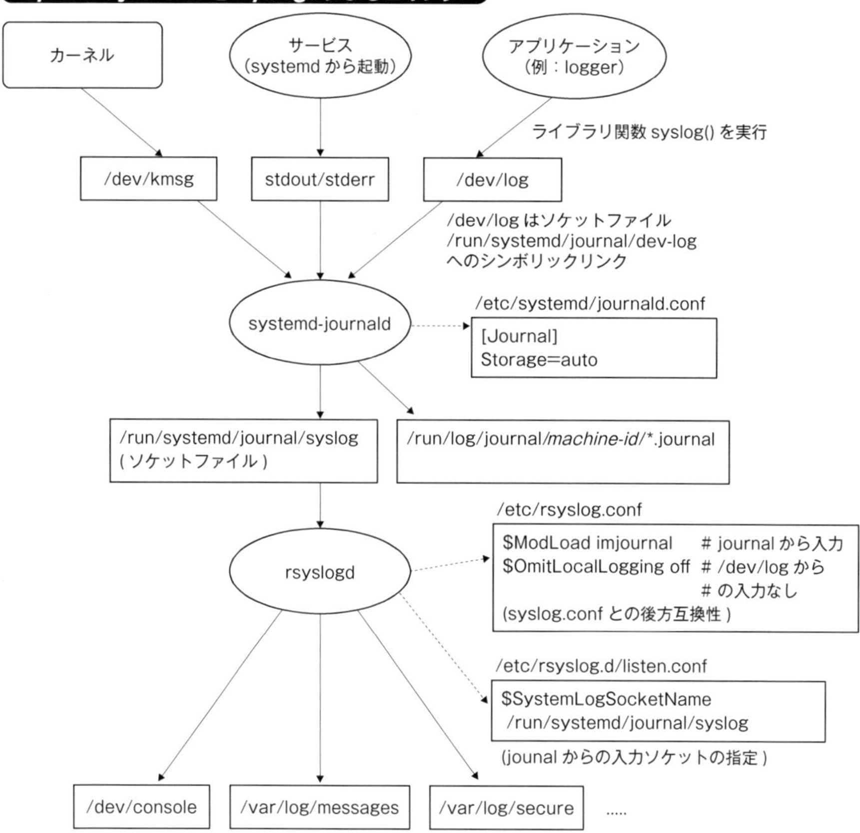

主要なディストリビューションの Syslog パッケージ

ディストリビューション	デフォルトの構成
Ubuntu 15.04	journald+rsyslog
Fedora 21 Server	journald+rsyslog
Fedora 21 Workstation	journald
CentOS 7	journald+rsyslog
CentOS 6	rsyslog
SUSE Linux Enterprise Server 12	journald+rsyslog

《答え》 A、B、D

問題 4-24

重要度《★★★》

Linuxシステムのロギングデーモンであるsyslogdが、受け取ったメッセージの種類に応じて出力先を振り分けるために参照する設定ファイルの名前を絶対パスで記述してください。

《解説》 syslogdデーモンはカーネルやサーバから送られて来るログメッセージをその種類に応じて設定ファイル/etc/syslog.confで指定された出力先に出力します。

カーネルのログメッセージはklogdが/proc/kmsgから受け取り、適切なsyslogのプライオリティに変換してsyslogdに送ります。なお、klogdはメッセージをsyslogdに送らずに-fオプションで指定したファイルに格納することで、単独で動作させることもできます。

syslog の構成

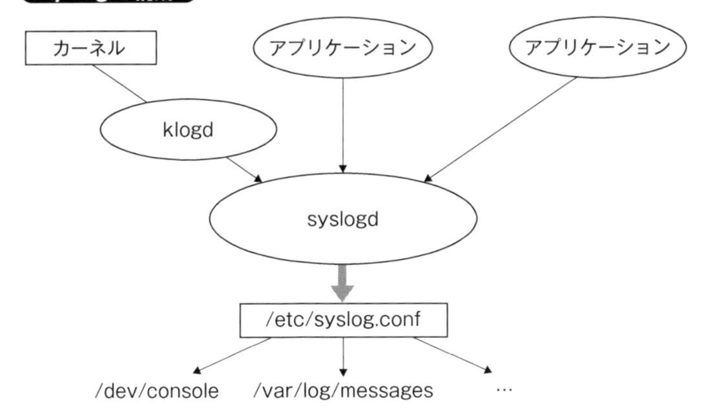

《答え》 /etc/syslog.conf

問題 4-25

重要度《★★★》

syslogdの設定ファイルの中で、すべてのカーネルメッセージをコンソールに表示したい場合、正しい記述を1つ選択してください。

A. kern.* /dev/console
B. kern.* console
C. *.kern /dev/console
D. *.kern console

《解説》 syslogdの設定ファイル/etc/syslog.confのエントリはセレクタフィールドとアクションフィールドの2つのフィールドからなります。

syslog.conf のエントリ

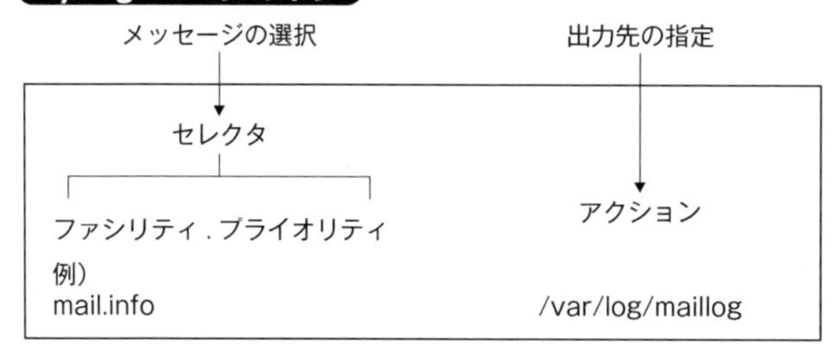

セレクタフィールドはファシリティ.プライオリティで指定し、処理するメッセージを選択するフィールドです。ファシリティはメッセージの機能を表します。プライオリティはメッセージの優先度を表します。アクションフィールドはセレクタフィールドで選択したメッセージの出力先を指定します。
ファシリティkern (kernel) で送られて来るメッセージがカーネルメッセージです。プライオリティに*を指定するとすべてのプライオリティを表します。ファシリティとプライオリティの一覧は問題4-26の解説を参照してください。
出力先を指定するアクションフィールドの記述は次のようになります。

アクションフィールド

アクション	説明
/ファイルの絶対パス	絶対パスで指定されたファイルあるいはデバイスファイルへ出力。-/で始まる場合は、書き込み後にsyncしない指定となる。これによりパフォーマンスの向上が見込める
| プログラム名	メッセージを指定したプログラムに渡す
@ホスト名	ログの転送先のリモートホストの指定
*	ログインしているすべてのユーザへ送る（ユーザの端末に表示）
ユーザ名	ユーザ名で指定されたユーザへ送る（ユーザの端末に表示）

《答え》 A

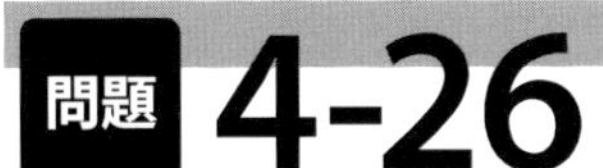

重要度《★★★》

/etc/syslog.confファイルの中で、ファシリティkernelでのプライオリティcrit以上のすべてのメッセージを/var/log/messagesに記録したい場合、ファシリティ.プライオリティの指定を記述してください。

《解説》 ファシリティ.プライオリティの指定では、指定したプライオリティ以上のメッセージをすべて記録します。

特定のプライオリティだけを指定する場合は、「ファシリティ.=プライオリティ」とします。

ファシリティはメッセージの機能を表します。

ファシリティ一覧

ファシリティ	ファシリティコード	説明
kern	0	カーネルメッセージ
user	1	ユーザレベルメッセージ
mail	2	メールシステム
daemon	3	システムデーモン
auth	4	セキュリティ/認証メッセージ。最近のシステムではauthではなくauthprivが使用される
syslog	5	syslogdによる内部メッセージ
lpr	6	Line Printerサブシステム
news	7	newsサブシステム
uucp	8	UUCPサブシステム
cron	9	cronデーモン
authpriv	10	セキュリティ/認証メッセージ(プライベート)
ftp	11	ftpデーモン
local0～local7	16～23	ローカル用に予約

ファシリティに*を指定するとすべてのファシリティを表します。

プライオリティはメッセージの優先度を表します。

プライオリティ一覧

プライオリティ	説明
emerg	emergency:パニックの状態でシステムは使用不能
alert	alert:緊急に対処が必要
crit	critical:緊急に対処が必要。alertより緊急度は低い
err	error:エラー発生
warning	warning:警告。対処しないとエラー発生の可能性がある
notice	notice:通常ではないがエラーでもない情報
info	information:通常の稼働時の情報
debug	debug:デバッグ情報
none	none:ログメッセージを記録しない

上からプライオリティの高い順になります。プライオリティが一番高いのがemergで、一番低いのがdebugです。
noneはプライオリティではなく、ログメッセージを記録しない指定です。

《答え》 kern.crit

問題 4-27

重要度《★★★》 □□□

/etc/syslog.confファイルの中で、特定のファシリティについて、ログはすべて記録しないようにするプライオリティの指定を記述してください。

《解説》 問題4-26の解説のとおり、プライオリティにnoneを指定すると、ログに記録をしない指定となります。

syslog.conf の例

```
*.info;mail.none        /var/log/messages ——①
mail.*                  /var/log/maillog  ——②
```

上記の例の①では、メール関連のログメッセージは頻繁なので除外し、それ以外のすべてのファシリティのinfo以上のメッセージを/var/log/messagesに記録されるようにしています。
②では、 mail関連のログはすべて/var/log/maillogに記録されるようにしています。

《答え》 none

問題 4-28

重要度《★★★》 □□□

カーネルやデーモンからのメッセージなど、システムのほとんどのメッセージを記録しているファイルは何ですか？　絶対パスで記述してください。

《解説》 RedHat系のLinuxでは/etc/syslog.confに次のように記述されています。

/etc/syslog.conf の抜粋

```
*.info;mail.none;news.none;authpriv.none;cron.none        /var/log/messages
```

mail、news、authpriv（プライベート認証）、cron以外のすべてのファシリティのinfo以上のメッセージは/var/log/messagesに記録します。

《答え》 /var/log/messages

問題 4-29

重要度《★★★》

セキュリティの強化のため、システム管理者がログを取得するサーバがあります。各ホストのログをこのリモートホストに転送するために各ホストで設定するファイルは何ですか？　ファイル名のみ記述してください。

《解説》 問題4-25のアクションフィールドの表で示したとおり、ログを転送するリモートホスト名の指定は各ホストのsyslog.confファイルのアクションフィールドに「@ホスト名」と指定します。

/etc/syslog.conf の例

```
authpriv.*        /var/log/secure
authpriv.*        @loghost
```

上記の例は、プライベート認証のログメッセージは自ホストの/var/log/secureに記録するとともに、ホスト名がloghostのログサーバに転送しています。
転送先のサーバ側ではsyslogdを、-rオプションを付けて起動することにより、リモートホストから送られて来るログメッセージを受信します。

構文 **syslogd [オプション]**

syslogd のオプション

主なオプション	説明
-d	デバッグモードを有効にする
-f	/etc/syslog.conf以外の設定ファイルを指定する
-h	リモートのホストから受信したメッセージをさらに別のホストに転送することを許可する
-r	リモートホストから送られて来るメッセージの受信を許可する

《答え》 syslog.conf

問題 4-30

重要度《★★★》

journalctlコマンドについての説明で正しいものはどれですか？　3つ選択してください。

A. syslogdが収集したログを表示できる
B. rsyslogdが収集したログを表示できる
C. 特定の日時の範囲のログを指定して表示できる
D. 特定のプライオリティのログを指定して表示できる
E. 特定のファシリティのログを指定して表示できる

《解説》 journalctlコマンドはsystemd-journaldが収集し、格納したログを表示するコマンドです。syslogdやrsyslogdなど、他のデーモンが収集したログを表示することはできません。したがって選択肢Aと選択肢Bは誤りです。
journalctlコマンドはオプション指定や「フィールド=値」の指定により様々な形で検索と表示ができます。

構文 `journalctl [オプション] [フィールド=値]`

オプション

主なオプション		説明
-e	--pager-end	最新の部分までジャンプして表示する
-f	--follow	リアルタイムに表示する
-n	--lines	表示行数を指定する
-p	--priority	指定したプライオリティのログを表示する
-r	--reverse	逆順に表示する。最新のものが最上位に表示される
--since		指定日時以降を表示する
--until		指定日時以前を表示する

オプション「--since=」と「--until=」で指定した日時の範囲のログを表示することができます。オプション「-p」あるいは「--priority=」の指定によりSyslogプロトコルのプライオリティを指定して表示することができます。「SYSLOG_FACILITY=」の指定によりSyslogプロトコルのファシリティコードを指定して表示することができます。
ファシリティとファシリティコードの対応については問題4-26の解説の「ファシリティ一覧」の表を参照してください。
したがって、選択肢C、D、Eは正解です。
次の実行例では、2015年7月8日9時から7月9日17時までのログを表示しています。

実行例

```
# journalctl --since="2015-07-08 09:00:00" --until="2015-07-09 17:00:00"
```

次の例では、プライオリティがwarning以上のログを表示しています。

実行例

```
# journalctl -p warning
```

次の例では、ファシリティがmail(ファシリティコード=2)のログを表示しています。

実行例

```
# journalctl  SYSLOG_FACILITY=2
```

《答え》 C、D、E

問題 4-31

重要度《★★★》 □□□

任意のファシリティ、任意のプライオリティのメッセージをsyslogに送るには、どのようなコマンドを使えばよいですか？　コマンド名のみ入力してください。

《解説》 loggerコマンドにより、任意のファシリティとプライオリティを指定してログメッセージをsyslogデーモンに送ることができます。

構文 **logger [オプション] [メッセージ]**

オプション

主なオプション	説明
-f	指定したファイルの内容を送信する
-p	ファシリティ.プライオリティを指定する。デフォルトはuser.notice

以下は、ファシリティをuserに、プライオリティをinfoに指定して、syslogdにメッセージ「Syslog Test」を送信しています。

実行例

```
# logger -p user.info "Syslog Test"
# tail /var/log/messages | grep Test
May 30 22:07:41 examhost root: ***Syslog Test***
```

《答え》 logger

問題 4-32

重要度《★★★》 □□□

古いログを別の名前で保存するとともに、元の名前の新しい空ファイルを作成する機能を持つコマンドはどれですか？　1つ選択してください。

A. logsave　**B.** logout
C. logrotate　**D.** logger

《解説》 logrotateコマンドにより、ログ名、間隔、回数を設定ファイルで指定してローテーションできます。

通常、 logrotateコマンドは/etc/cron.daily/logrotateスクリプトにより、 1日1回実行されます。設定ファイル名は任意ですが、一般的には/etc/logrotate.confとして用意します。

構文 logrotate ［オプション］ 設定ファイル

以下は、 /etc/logrotate.confを設定ファイルとして用意し、このファイルを指定してlogrotateコマンドを実行している例です。

実行例

```
# cat /etc/logrotate.conf
weekly ──────────────── 1週間間隔でローテーション
rotate 4 ────────────── バックログを4つ取る
/var/log/messages {
    postrotate
        /bin/kill -HUP `cat /var/run/syslogd.pid` ── ローテーション後に syslogdを再初期化
    endscript
}
# logrotate /etc/logrotate.conf ── 設定ファイルを指定して logrotateコマンドを実行する
# ls /var/log/messages*
/var/log/messages    /var/log/messages.2  /var/log/messages.4
/var/log/messages.1  /var/log/messages.3
```

《答え》 C

問題 4-33

重要度《★★★》 □□□

LinuxのプリントサービスであるCUPSにおいて、登録されたプリンタのDeviceURIが指定されている設定ファイルの名前を標準的な絶対パスで記述してください。

《解説》 Unix系のオペレーティングシステムではBSDのlpd (line printer daemon) をスケジューラとするLPRng (Line Printer New Generation) が長く標準の印刷システムとして使われてきました。 CUPS (Common Unix Printing System) はLPRngに代わる印刷システムです。多様なプリンタ、多様なファイル形式に対して標準的なインタフェースを持ち、モジュール化されています。これによってプリンタメーカや開発者がプリンタドライバを容易に開発できるようになりました。標準の印刷プロトコルはIPP (Internet Printing Protocol) ですが、 LPDプロトコルやSMBプロトコルもサポートしています。

プリンタは入力とするデータ形式によってPostScriptプリンタと非PostScriptプリンタに大別できます。

PostScriptプリンタはPostScript言語のデータを入力とし、非PostScriptプリンタはPCL (ヒューレット・パッカード)、 ESC/P (セイコーエプソン)、 LIPS (キャノン)、その他メーカ/モデルによる独自のデータ形式を入力とします。

PostScriptプリンタへ出力する場合はPPD (問題4-34で解説) を参照してプリンタモデルに合わせたPostScriptをプリンタに送ります。

非PostScriptプリンタの場合はプリンタの形式に合わせてデータを変換するプリンタドライバが必要になります。 CUPSでは非PostScriptプリンタの場合でもPPDを参照して必要なプリンタドライバを呼び出します。

CUPSの構成

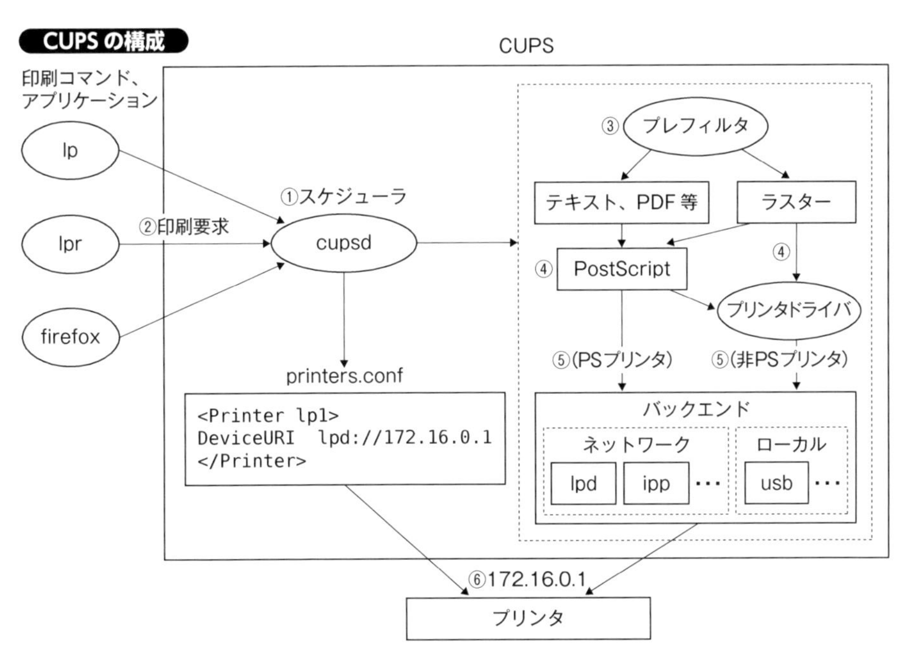

①CUPSのスケジューラデーモンcupsdを起動します。

 # /etc/init.d/cupsd start

②lp、 lprコマンドあるいはアプリケーション (上記の例ではfirefox) から印刷要求を発行します。

③印刷要求を受け取ったcupsdは印刷するファイルのmimeタイプに応じてプレフィルタから始まる処理を行います。

④printers.confの<Printer プリンタ名>で指定されたプリンタ名をファイル名とするPPDファイルに従って処理を行います(PPDの詳細は問題4-34を参照してください)。

⑤処理されたデータはprinters.confの<Printer プリンタ名>で指定されたDeviceURIのバックエンドプログラム(前述の例ではlpd)に送られます。

⑥バックエンドプログラムからDeviceURIで指定されたデバイス(USBなど)あるいはIPPやLPDのプロトコルでネットワーク上のプリンタに送られます。

/etc/cups/printer.confには登録されたプリンタ情報やプリンタのDeviceURIなどが設定されています。

printers.confの抜粋

```
<Printer lp1>
Info OKI DATA CORP C531
MakeModel OKI DATA CORP C531(PS)
DeviceURI lpd://172.16.0.1
.....(途中省略).....
</Printer>
<DefaultPrinter lp2>
Info EP-704A
MakeModel Epson EP-704A
DeviceURI socket://172.16.0.1/9100
.....(途中省略).....
</Printer>
```

/etc/cupsディレクトリには、この他に待機するポートやアクセス制御の設定を行うcupsd.confや、複数のプリンタをまとめて1つの出力先とするプリンタクラスを定義するclasses.confなどもあります。

参考

ファイルのmimeタイプを判定して対応するプレフィルタを指定するファイルとしてmime.convsとmime.typesが/usr/share/cups/mimeディレクトリの下に置かれています。
プレフィルタにはテキストファイルをPostScriptに変換するtexttopsや、PDFファイルをPostScriptに変換するpdftopsなどがあり、/usr/lib/cups/filterディレクトリの下に置かれています。

参考

CUPSはEasy Software Products社の設立者であるMichael Sweetによって開発され、1999年10月に最初の製品版であるCUPS1.0がリリースされました。
2007年2月、Apple社はCUPSを買収し、Michael Sweetを自社に雇用しました。これによりCUPSとCUPSのロゴはApple社の登録商標となりましたが、ソフトウェアはApple社から従来と変わらずGPLおよびLGPLで配布されています(ただし、AppleOS向けのソフトウェアにはGPL/LGPLは適用されません)。
現在、CUPSは主要なLinuxディストリビューションの標準の印刷システムとなっています。
CUPSのソース、プリンタドライバやドキュメントはwww.cups.orgで公開されています。またLinux FoundationのOpen Printing working groupsのサイトwww.openprinting.orgにもCUPSのフィルタ、プリンタドライバ、バックエンドやドキュメントが掲載されています。

《答え》 /etc/cups/printers.conf

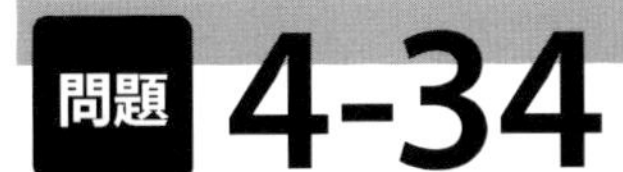

問題 4-34

重要度《★★★》

CUPSで使われるPPDは何の略か記述してください。

《解説》PPD（Postscript Printer Description）はフォント、用紙サイズ、解像度など、PostScriptプリンタの機能を記述し制御するためのファイルです。アドビシステムズ社によって策定されました。CUPSではこの機能を拡張し、非PostScriptプリンタの制御でも利用します。
PPDファイルは以下のディレクトリに保存されています。

各 PPD ファイルの保存場所

```
/usr/share/foomatic/db/source/PPD/
/usr/share/cups/model
```

以下、PostScriptプリンタのPPDの例です。

PostScript プリンタの PPD の抜粋

```
*FormatVersion: "4.3"
*FileVersion: "1.0"
*LanguageEncoding: ISOLatin1
*LanguageVersion: English
*PCFileName: "OKC531_A.PPD"
*Product: "(C531)"
*PSVersion: "(3017) 7"
*Manufacturer: "Oki"
*ModelName: "OKI DATA CORP C531"
*ShortNickName: "OKI DATA CORP C531(PS)"
.....（途中省略）.....
*% _____ Paper Handling _____   ── 用紙サイズの指定
*LandscapeOrientation: Plus90
*VariablePaperSize: True
.....（以下省略）.....
```

以下は、ベンダ提供のフィルタを使用するPPDの例です。

ベンダ提供のフィルタを使用する PPD の抜粋

```
*cupsFilter:    "application/vnd.cups-raster 0 /opt/epson-inkjet-printer-
201111j/cups/lib/filter/epson_inkjet_printer_filter"
```

以下は、Ghostscriptのドライバを使用するPPDの例です。Ghostscriptについては問題4-36の解説を参照してください。

Ghostscript のドライバを使用する PPD の抜粋

```
*FoomaticRIPCommandLine: "gs -q -dBATCH -dPARANOIDSAFER -dQUIET -dNOPA&&
USE -sDEVICE=lips4%A%Z -sOutputFile=- -"
```

Foomaticパッケージにはオープンソースのたくさんのプリンタドライバがあります。Foomaticのプリンタデータベースを基にPPDファイルを生成することもできます。lpadminコマンドでプリンタを設定する場合に指定します。lpadminコマンドについては問題4-35を参照してください。

参考

FoomaticはLinux FoundationのOpen Printing working groupsから提供されるプリンタドライバのデータベースです。
Foomaticは対象を特定しない「foo」と、特性を意味する接尾語の「-matic」を組み合わせて付けられた名前です。

《答え》 Postscript Printer Description

問題 4-35

重要度《★★☆》 □□□

プリンタの登録や削除などを行うCUPSの設定コマンドはどれですか？　1つ選択してください。

A. lpr　　**B.** lpadmin
C. lprm　　**D.** cups

《解説》 CUPSでのプリンタの登録や削除はlpadminコマンドで行うことができます。System Vのlpadminコマンドによく似た構文が使えます。
新規にプリンタを登録する構文は次のようになります。

構文 `lpadmin -p プリンタ名 オプション`

オプション

主なオプション	説明
-p	作成するプリンタ名を指定する
-E	プリンタジョブを受け付け、プリンタへの出力を開始状態にする。cupsacceptとcupsenableコマンドを実行したことと同じである
-v	デバイスURIを指定する
-m	modelディレクトリ/usr/share/cups/modelの下のPPDファイル名を指定する（「lpinfo -m」でPPDファイルの一覧表示）
-P	PPDファイル名を指定する

次の実行例では/usr/share/cups/modelディレクトリに複数のPPDファイルを置いています。

バックエンドを lpd とする実行例

```
#  lpadmin -p lp1 -E -v lpd://netprint/lp1 \
-P /usr/share/cups/model/OKC531_a.ppd
```

バックエンドを socket とする実行例

```
# lpadmin -p lp2 -E -v socket://netprint/9100 \
-P /usr/share/cups/model/Epson-EP-704A-epson-driver.ppd
```

バックエンドをファイルとする実行例

```
# lpadmin -p lp3 -E -v file:///dev/printer \
-P /usr/share/cups/model/postscript.ppd.gz
```

デフォルトプリンタを設定する構文は以下のとおりです。

構文 **lpadmin -d プリンタ名**

デフォルトプリンタを削除する構文は以下のとおりです。

構文 **lpadmin -x プリンタ名**

《答え》B

問題 4-36

重要度《★☆☆》 □□□

Ghostscriptの役割として正しい内容はどれですか？　1つ選択してください。

A. 非PostScriptデータを削除する
B. PostScriptデータを非PostScriptデータに変換する
C. リモートプリンタに打ち出す役割を担っている
D. Ghostscriptは、プリントスプールデータを削除する

《解説》GhostscriptはPostScript言語のインタプリッタです。Ghostscriptにはプリンタやデバイスのドライバが組み込まれていて、入力されたPostScriptを解釈し、プリンタやデバイスの形式に変換して出力します。PostScriptの他にPDFやEPS（Encapsulated PostScript：PostScriptをベースとした画像フォーマット）にも対応しています。

Ghostscriptを利用するにはgs（/usr/bin/gs）コマンドを実行します。

gsコマンドに-hオプションを付けて実行すると、gsに組み込まれているドライバを表示します。

ドライバを表示する実行例

```
$ gs -h
GPL Ghostscript 8.70 (2009-07-31)
Copyright (C) 2009 Artifex Software, Inc.  All rights reserved.
Usage: gs [switches] [file1.ps file2.ps ...]
.....（途中省略）.....
Available devices:
   alc1900 alc2000 alc4000 alc4100 alc8500 alc8600 alc9100 ap3250 appledmp
   atx23 atx24 atx38 bbox bit bitcmyk bitrgb bitrgbtags bj10e bj10v bj10vh
   bj200 bjc600 bjc800 bjc880j bjccmyk bjccolor bjcgray bjcmono bmp16 bmp16m
.....（以下省略）.....
```

gsをプリントフィルタとして使う場合は以下のとおりです。

LIPS4 プリンタでの設定例

```
gs -sDEVICE=lips4 -sOutputFile=- -dNOPAUSE -q -
```

PostScriptで記述された画像ファイル形式であるEPS (Encapsulated PostScript)のプログラムgolfer.epsをX Window Systemのウインドウに出力する場合は以下のとおりです。golfer.epsはgnu-ghostscriptのソースコードに付属しているPSとEPSファイルの1つです。

X へ出力する実行例

```
$ gs -sDEVICE=-x11 golfer.eps
```

上記コマンドを実行すると、次のイメージがウインドウに表示されます。

golfer.eps の表示画像

参考

Ghostscriptは1986年、L. Peter Deutsch氏によって開発されました。現在はArtifex Software社で開発、配布され、GPLバージョンと商用版があります。GPLバージョンはGPL Ghostscriptと呼ばれ、www.ghostscript.comで公開されています。またそこから派生し、GNUプロジェクトで開発、配布されているGNU Ghostscriptもあります。なお、かつてEasy Software Products社で開発されたCUPS互換のバージョンであるESP Ghostscriptは現在はGPL Ghostscriptに併合されています。

《答え》B

問題 4-37

重要度《★★★》 □□□

Linuxの新しいプリントサービスであるCUPSは、レガシーなプリントシステムlpdと互換のコマンドラインインタフェースも提供しています。このコマンドの中でプリンタに印刷するコマンドはどれですか？　1つ選択してください。

A. lpd　　**B.** lprm
C. lpq　　**D.** lpr

《解説》CUPSはコマンドラインインタフェースとして、BSD系やSystem V系とほぼ同等なコマンドラインインタフェースを提供しています。
印刷コマンドはSystem V系ではlp、BSD系ではlprです。

lprの構文 `lpr [オプション] ファイル名`
lpの構文 `lp [オプション] ファイル名`

オプション

lprの主なオプション	lpの主なオプション	説明
-P	-d	指定したプリンタに出力する。これを指定しない通常の場合は、デフォルトプリンタが使われる
-#num	-n num	numで指定した部数を出力する
-o raw	-o raw	フィルタを通さずにプリンタに出力する

《答え》D

問題 4-38

重要度《★★☆》 □□□

fileAをプリンタlp1に打ち出すにはどのようにすればよいですか？　2つ選択してください。

A. lpr -P lp1 fileA　　**B.** lpr -d lp1 fileA
C. lp -P lp1 fileA　　**D.** lp -d lp1 fileA

《解説》印刷するプリンタは、lprコマンドでは-P (Printer) オプション、lpコマンドでは-d (destination) オプションで指定します。

lprで-P、lpで-dを指定しない場合はデフォルトプリンタに印刷が行われます。

《答え》 A、D

問題 4-39

重要度《★☆☆》 □□□

sampleファイルを2部印刷するコマンドはどれですか？　2つ選択してください。

A. cat sample | lpr -#2
B. cat sample | lpr -n2
C. cat sample > lpr -#2
D. cat sample | lp -n2
E. cat sample | lp -#2
F. cat sample > lp -n2

《解説》 印刷する部数はlprコマンドでは-#[印刷部数]オプション、lpコマンドでは-n[印刷部数]オプションで指定します。

《答え》 A、D

問題 4-40

重要度《★★★》 □□□

プリンタのフィルタを通さずに印刷するのはどれですか？　3つ選択してください。

A. lpr -o raw file-name
B. lpq -a file-name
C. lpr -d file-name
D. lpr -l file-name
E. lp -o raw file-name

《解説》 lpコマンド、lprコマンドとも、フィルタを通さずに直接印刷するためには、-oオプションにrawを指定します。lprコマンドでは-lオプションを使用しても同様に直接印刷することができます。

このオプションを指定するとCUPS印刷システムではフィルタによるデータの加工は行われず、ファイルのデータはそのままローカルあるいはリモートのプリンタに送られます。

PostScriptプログラムをそのままプリンタに送る場合や、ローカルのCUPSシステムでは加工せず、リモート印刷サーバのフィルタで加工したい場合などに使用します。

参考

PostScriptプログラムをPostScriptプリンタのインタプリッタに解釈させずに、プログラムとしてそのまま印刷したい場合は、prコマンドやenscriptコマンドで加工して、mimeタイプをtextに変更してからCUPSに送ります。

《答え》 A、D、E

問題 4-41

重要度《★★★》

プリンタのキューを表示するコマンドはどれですか？　3つ選択してください。

A. lpq
B. lpc
C. lpstat
D. lpr
E. lpd

《解説》 プリンタのキューを表示するコマンドはSystem V系ではlpstat、BSD系ではlpqとlpcがあります。

lpstat の構文 `lpstat [オプション]`

オプション

主なオプション	説明
-a	プリントキューがacceptになっているか否かを表示
-p	プリントキューがenableになっているか否かを表示
-t	プリンタの状態をキューの状態を含めてすべて表示

以下はキューが受付可能(accept)かどうか調べています。

実行例

```
$ lpstat -a
Printer1 accepting requests since Sun May 20 14:02:01 2012
Printer2 accepting requests since Thu May 24 20:30:24 2012
```

以下はキューがプリンタへ出力可能(enable)かどうか調べています。

実行例

```
$ lpstat -p
printer Printer1 is idle.  enabled since Sun May 20 14:02:01 2012
printer Printer2 is idle.  enabled since Thu May 24 20:30:24 2012
```

lpq の構文 `lpq [オプション]`

lpq のオプション

主なオプション	説明
-P	指定したプリントキューのジョブを表示する。これを指定しない場合は、デフォルトのプリントキューのジョブを表示する
-a	すべてのプリントキューのジョブを表示する

以下はBSD系のlpqを実行して、キューにジョブがあるかどうか調べています。

実行例

```
$ lpq -a
no entries
```

lpc の構文 `lpc [コマンド]`

lpcをコマンドの指定なしに実行すると、プロンプトが表示されて対話的にコマンドが実行できます。

CUPSのlpcは、実質的にプリントキューの状態を表示するstatusコマンドしかなく、「lpc status キュー名」以外の機能はありません。

以下はBSD系のlpcを実行して、キューが受付可能かどうか、プリンタへ出力可能かどうか調べています。

実行例

```
$ lpc status all
Printer1:
    queuing is enabled      ── キューのステータス
    printing is enabled     ── プリンタのステータス
    no entries
    daemon present
Printer2:
    queuing is enabled      ── キューのステータス
    printing is enabled     ── プリンタのステータス
    no entries
    daemon present
```

《答え》 A、B、C

問題 4-42

重要度《★★★》

CUPSで印刷を停止する際に"Printer stopped by Admin"とメッセージを付けて出力したい場合、適切なコマンドを1つ選択してください。

A. cupsdisable -P -m "Printer stopped by Admin" プリンタ名
B. cupsdisable -c -r "Printer stopped by Admin" プリンタ名
C. cupsreject -p -m "Printer stopped by Admin" プリンタ名
D. cupsreject -c -r "Printer stopped by Admin" プリンタ名

《解説》cupsdisableコマンドは指定したプリンタを停止状態にします。引数に-r (reason) を付けて実行することによって、現在のプリンタの状態のコメントを設定することができます。
コメントはキューの状態を調べるコマンドを実行した時に表示されます。
また、停止したプリンタを開始するにはcupsenableコマンドを実行します。
-c (cancel) は待ち状態のプリントジョブをキャンセルさせるオプションです。

cupsdisable のオプション

主なオプション	説明
-c	プリントキューのすべてのジョブをキャンセル
-r	停止の理由(reason)を示すメッセージを指定(cupsdisableのみ)。キューの状態の中にメッセージが表示される

選択肢C、選択肢Dのcupsrejectコマンドは指定したプリンタへのプリントジョブを受け付けないようにします。 cupsdisableと同様に引数に-rを付けることができます。
プリントジョブを受け付けるにはcupsacceptコマンドを実行します。

cupsreject のオプション

主なオプション	説明
-c	プリントキューのすべてのジョブをキャンセル
-r	停止の理由(reason)を示すメッセージを指定(cupsrejectのみ)。キューの状態の中にメッセージが表示される

プリントキューの管理

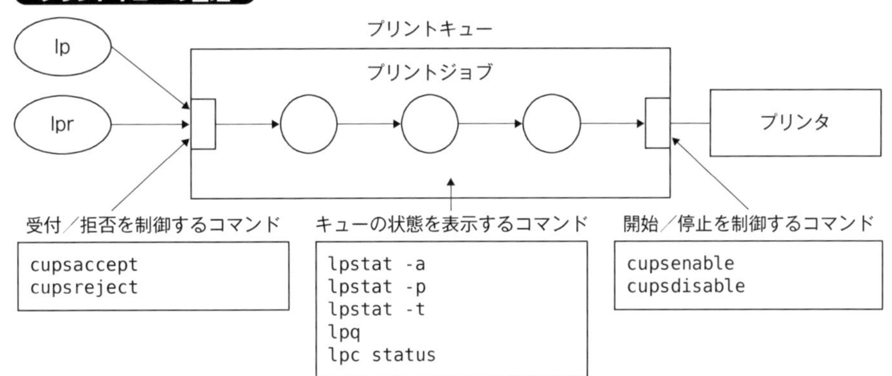

参考

プリントキューの受付／拒否、開始／停止は、レガシーな印刷システムではlpcコマンドで行いましたが、CUPSから提供されるlpcコマンドはキューを表示するだけで制御はできません。

実行例

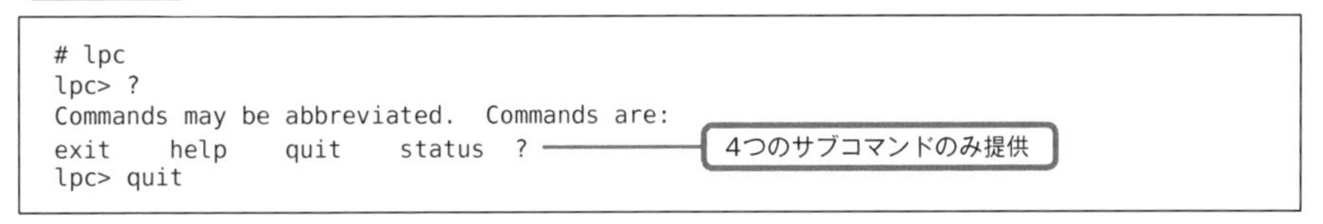

```
# lpc
lpc> ?
Commands may be abbreviated.  Commands are:
exit    help    quit    status  ?
lpc> quit
```

《答え》B

問題 4-43

重要度《★★★》

現在設定されているロケール情報を表示するコマンドはどれですか？　1つ選択してください。

A. localedef
B. locale
C. setlocale
D. localeconv

《解説》 ロケール（locale）とは言語や国・地域ごとに異なる単位、記号、日付、通貨などの表記規則の集合であり、ソフトウェアはロケールで指定された方式でデータの表記や処理を行います。ロケール情報の表示はlocaleコマンドで行います。

構文 `locale [オプション]`

オプション

主なオプション	説明
-a	利用可能なロケールをすべて表示
-m	利用可能なエンコーディングをすべて表示

locateコマンドを引数なしに実行すると、現在設定されているロケール情報をすべて表示します。ロケールは次のフォーマットで指定します。

ロケールの書式 `language(_territory)(.encoding)(@modifier)`

ロケールの構成項目

項目	説明
language	言語の指定。日本語の場合はja（japanese）
territory	国/地域の指定。日本の場合はJP（Japan）
encoding	エンコーディング（文字の符号化方式）の指定
modifier	修飾子の指定。例）ユーロ通貨を@euroのように指定

言語が日本語、国が日本、エンコーディングがUTF-8の場合は「ja_JP.UTF-8」となります。次の実行例はlocaleコマンドにより現在のロケール情報を表示しています。

実行例

```
$ locale
.....（以下抜粋）.....
LANG=ja_JP.UTF-8
LC_CTYPE="ja_JP.UTF-8"
LC_TIME="ja_JP.UTF-8"
LC_MONETARY="ja_JP.UTF-8"
LC_MESSAGES="ja_JP.UTF-8"
```

以下は主なロケール変数の意味です。

ロケール変数

主なロケール変数	説明
LC_CTYPE	文字の種類
LC_NUMERIC	数値
LC_TIME	時刻
LC_MONETARY	通貨
LC_MESSAGES	メッセージ

デフォルトのロケールはC(POSIX)です。問題4-44の解説を参照してください。
選択肢Aのlocaledefはロケール定義ファイルを生成するコマンドです。選択肢Cのsetlocaleはロケールの設定と問い合わせを行う関数です。選択肢Dのlocaleconvはロケールカテゴリ LC_NUMERICとLC_MONETARYの情報を取得する関数です。

《答え》 B

問題 4-44

重要度《★★★》

国際化されたプログラムのメッセージ言語を、日本語(ja)に変更するために、/etc/bash_profileに追加すべきコマンドはどれですか？　2つ選択してください。

A. export MESSAGE="ja_JP.UTF-8"
B. export LANG="ja_JP.UTF-8"
C. export LC_MESSAGES="ja_JP.UTF-8" LC_CTYPE="ja_JP.UTF-8"
D. export ALL_MESSAGES="ja_JP.UTF-8"

《解説》 選択肢Bのように環境変数LANGに日本語のロケールja_JP.UTF-8を設定すると、bashの中でsetlocale()関数が実行され、すべてのLC_変数はja_JP.UTF-8に設定されて、メッセージは日本語になります。
あるいは、選択肢Cのように環境変数LC_MESSAGESとLC_CTYPEに日本語のロケールja_JP.UTF-8を設定すると、bashの中でsetlocale()関数が実行されて、LC_MESSAGESとLC_CTYPEはja_JP.UTF-8に設定され、メッセージは日本語になります。
環境変数LANGを削除するとデフォルトのロケールであるPOSIXとなります。
POSIXロケールはロケール書式language(_territory).(encording)に従わない特別なロケールです。エンコーディングはASCIIで、日時、通貨等の書式は英語です。Cロケールは POSIXロケールと同じです。

実行例

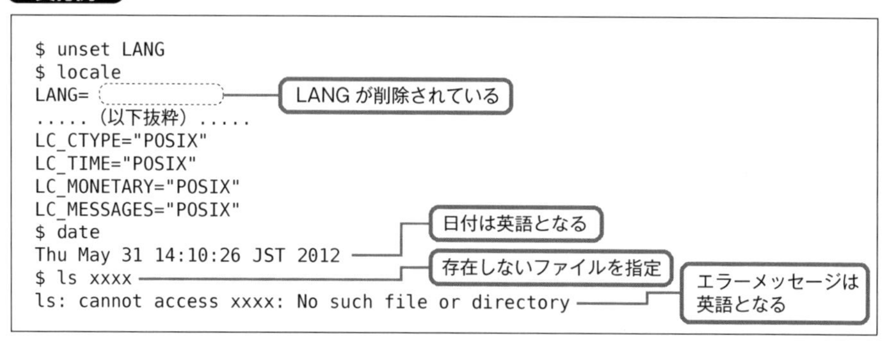

```
$ unset LANG
$ locale
LANG=
.....（以下抜粋）.....
LC_CTYPE="POSIX"
LC_TIME="POSIX"
LC_MONETARY="POSIX"
LC_MESSAGES="POSIX"
$ date
Thu May 31 14:10:26 JST 2012
$ ls xxxx
ls: cannot access xxxx: No such file or directory
```


《答え》B、C

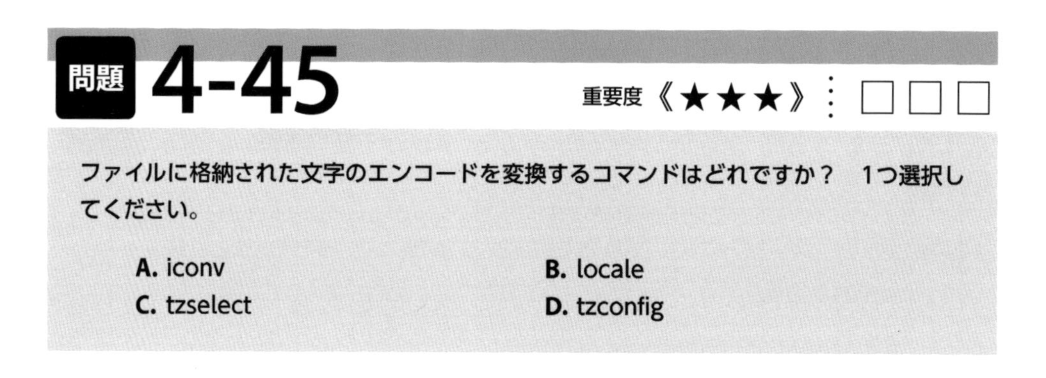

問題 4-45　重要度《★★★》

ファイルに格納された文字のエンコードを変換するコマンドはどれですか？　1つ選択してください。

A. iconv　**B.** locale
C. tzselect　**D.** tzconfig

《解説》iconvコマンドはファイルのエンコードを変換します。-f(from)オプションで現在のエンコードを指定し、-t(to)で目的のエンコードを指定します。以下の例は、Shift_JISで書かれたファイルをUTF-8に変換しています。

実行例

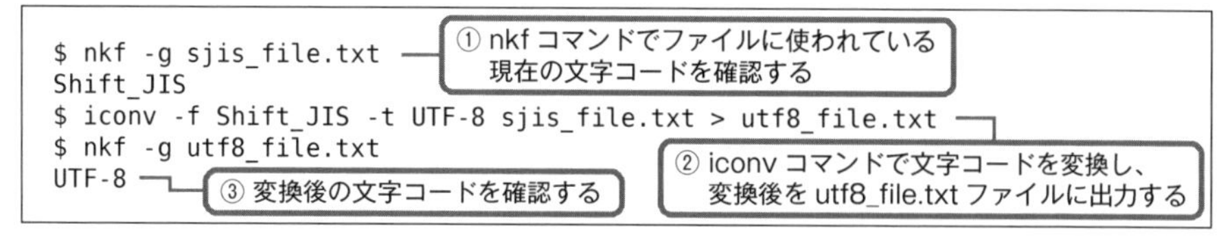

```
$ nkf -g sjis_file.txt
Shift_JIS
$ iconv -f Shift_JIS -t UTF-8 sjis_file.txt > utf8_file.txt
$ nkf -g utf8_file.txt
UTF-8
```


localeコマンドは、現在のロケールの設定情報や使用可能なロケールの一覧を表示するコマンド、tzselectコマンドは環境変数TZの設定値を対話的な指示に従って表示するコマンド、tzconfigコマンドは対話的な指示に従ってタイムゾーンを/etc/localtimeに設定するコマンドです。したがって選択肢B、C、Dは誤りです。なお、最近の主要なディストリビューションではtzconfigコマンドは提供されていません。

《答え》A

5章 ネットワークの基礎

本章のポイント

❖TCP/IPの設定と管理

IPアドレス、ネットマスク、プレフィックスとホストアドレスの計算方法、ポート番号とサービス名の対応など、TCP/IPの基礎的内容と、関連設定ファイルについて理解します。また、IPv6の概要とアドレスフォーマットについて理解します。netstatやpingコマンドなどのモニタコマンドによりネットワークの状態を把握する方法を理解します。

重要キーワード

ファイル：`/etc/services`、`/etc/protocols`
コマンド：`netstat`、`ping`、`traceroute`、`lsof`
その他：IP、TCP、UDP、プライベートアドレス、ネットマスク、プレフィックス、ポート番号

❖ネットワークI/Fとルーティングの管理

ネットワークI/Fの設定方法、デフォルトルートやエントリの追加と削除などのルーティングテーブルの設定方法を理解します。

重要キーワード

ファイル：`/proc/sys/net/ipv4/ip_forward`
コマンド：`ifconfig`、`route`、`ip`
その他：ゲートウェイ、デフォルトルート

❖ネットワークサービスとDNSクライアントの設定

ネットワークサービスについての基本的な管理、DNSの概要とDNSを利用するためのクライアント側の設定、DNS検索コマンド、ネームサービスの設定ファイルについて理解します。

重要キーワード

ファイル：`/etc/hosts`、`/etc/resolv.conf`、`/etc/nsswitch.conf`
コマンド：`hostname`、`init`、`dig`、`host`
その他：`ftp`、`telnet`、`ssh`、`domain`、正引き、逆引き

❖メールサーバの基礎

メールサーバの概要と主要なプログラム、メールスプールやメールキューの管理、およびメールの別名設定と一般ユーザによるメール転送の設定方法について理解します。

重要キーワード

ファイル：`/etc/aliases`、`~/.forward`
コマンド：`sendmail`、`mailq`、`newaliases`
その他：SMTP、MTA、Sendmail、Postfix、Exim、MXレコード

問題 5-1

重要度《★★★》

IPアドレスnnn.nnn.nnn.nnn/26を取得し、そのうち1つをルータに割り当てました。ホストに割り振ることができる残りのアドレスの個数を記述してください(nnn.nnn.nnn.nnnの部分には任意のIPアドレスが入ります)。

《解説》 IP (Internet Protocol) はインターネットおよびローカルネットワークでのホスト間の通信プロトコルです。IPにより異なったネットワーク上にあるホスト間での通信を行うことができます。現在広く使われているのがIPv4 (Internet Protocol version 4) で32ビットのIPアドレスを持ちます。その後継として普及しつつあるIPv6 (Internet Protocol version 6) は128ビットのIPアドレスを持ちます。

IPv4の32ビットのIPアドレスはネットワーク部とホスト部から構成されます。ネットワーク部とホスト部の構成により次のA、B、C、Dのクラスがあります。

IPアドレスは1バイトごとに「.」で区切って10進数で表記します。

ネットワークのクラス

クラス	アドレス	ネットワーク部(N)とホスト部(H)の構成	備考
A	0.0.0.0 - 127.255.255.255	N.H.H.H	ネットワーク部1バイト、ホスト部3バイトの大規模ネットワーク
B	128.0.0.0 - 191.255.255.255	N.N.H.H	ネットワーク部2バイト、ホスト部2バイトの中規模ネットワーク
C	192.0.0.0 - 223.255.255.255	N.N.N.H	ネットワーク部3バイト、ホスト部1バイトの小規模ネットワーク
D	224.0.0.0 - 239.255.255.255	-	マルチキャスト用
E	240.0.0.0 - 255.255.255.255	-	予約

1バイト目の値でクラスを分類します。

アドレスの例

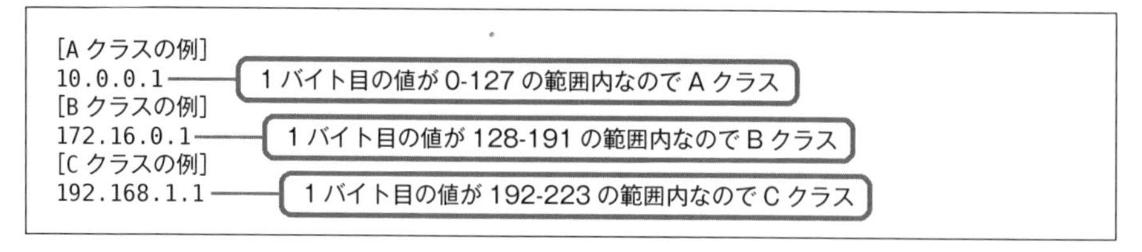

ネットワーク部を拡張して複数のサブネットに分割することができます。この時、どこまでをネットワーク部とするかを指定するのがネットマスクです。ネットマスクは10進数あるいは16進数で表記します。

ネットワーク部はまた、プレフィックスで表すこともできます。プレフィックスはIPアドレスの後ろに「/ネットワーク部のビット数」を指定します。

次は、Bクラスのネットワークを、3バイト目までをネットワーク部とするサブネットに分割する例です。

サブネット化の例

Bクラスの例

	1バイト目(ネットワーク部)	2バイト目(ネットワーク部)	3バイト目(ホスト部)	4バイト目(ホスト部)	プレフィックス
IPアドレス1	172	16	1	1	/16
IPアドレス2	172	16	2	1	/16
ネットマスク	255	255	0	0	
	↑ネットワーク部のビットは1。オールビット1なので255	↑ネットワーク部のビットは1。オールビット1なので255	↑ホスト部は0	↑ホスト部は0	

上記をサブネット化した例

	1バイト目(ネットワーク部)	2バイト目(ネットワーク部)	3バイト目(ネットワーク部)	4バイト目(ホスト部)	プレフィックス
IPアドレス1	172	16	1	1	/24
IPアドレス2	172	16	2	1	/24
ネットマスク	255	255	255	0	
	↑ネットワーク部のビットは1。オールビット1なので255	↑ネットワーク部のビットは1。オールビット1なので255	↑このバイトをネットワーク部で使用。オールビット1なので255	↑ホスト部は0	

サブネット化することで、ネットワークのトラフィックが分散し、管理単位も小さくなります。

サブネット化

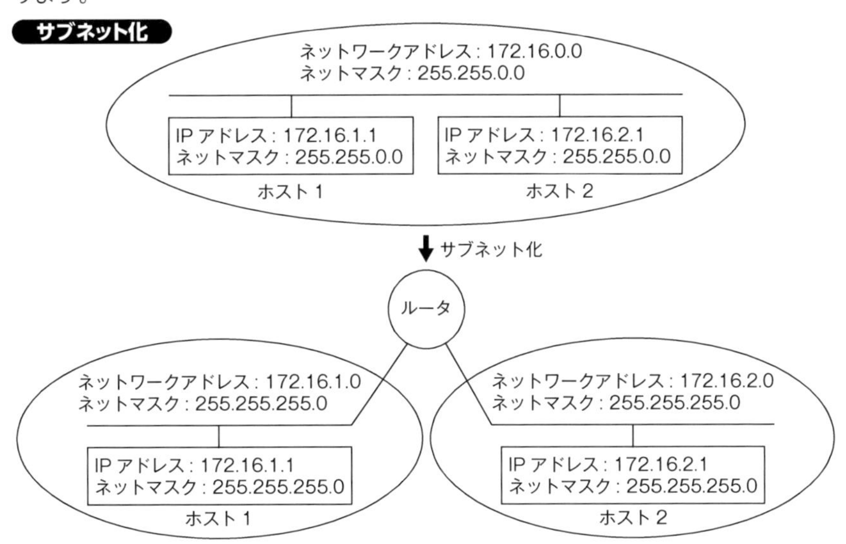

ネットマスクあるいはプレフィックスはビット単位で設定できます。
この問題では、プレフィックスが/26となっているのでネットワーク部を26ビットとしたネットワークが割り当てられています。

IP アドレス 32 ビットの構成

ネットワーク部	ホスト部
26ビット	6ビット

32ビット－26ビット（ネットワーク部）でホスト部は6ビットになります。 $2^6=64$で64個のホストアドレスが使えますが、ホスト部のすべてのビットが0のアドレスはネットワーク自身を表すアドレス、ホスト部のすべてのビットが1のアドレスはネットワーク内のすべてのホストを宛先とするブロードキャストアドレスとして使用されます。
この2つのアドレスはホストアドレスとして使えないので残りの個数は64-2=62ですが、さらにルータ分を1つ引くと61個となります。

《答え》61

問題 5-2

重要度《★★☆》 □□□

次のネットマスクの場合、ネットワーク部は何ビットですか？　1つ選択してください。

255.255.255.0

A. 8
B. 16
C. 24
D. 32

《解説》問題5-1の解説のとおり、ネットマスクのビットが1の部分がネットワーク部です。ネットマスクの値が255.255.255.0の場合は上位3バイトがネットワーク部となります。
したがって、8ビット（1バイト）×3=24で、ネットワーク部は24ビットです。

《答え》C

問題 5-3

重要度《★★★》 □□□

あるIPアドレスがローカルサブネットワーク上のホストかリモートネットワーク上のホストかを決定するために、ローカルホストによって使用されるものは何ですか？　1つ選択してください。

A. DNS　　**B.** ARP
C. ゲートウェイ　　**D.** ネットマスク
E. ルーティングプロトコル

《解説》 問題5-1の解説のとおり、ネットマスクはIPアドレスのネットワーク部とホスト部を特定するための値です。ローカルホストとリモートホストのIPアドレスのネットワーク部が特定されればそれぞれのネットワークアドレスがわかります。リモートホストのネットワークアドレスをローカルネットワークのネットワークアドレスと比較して同一ネットワーク上にあるか異なったネットワークにあるかわかります。したがって正解はDです。
ARPはIPアドレスに対応するMACアドレスを解決するプロトコルです。

参考
同一ネットワーク上にあるホストのMACアドレスは、相手ホストのIPアドレスを指定したARPブロードキャストにより取得します。ネットマスクにより異なったネットワーク上にあると判定された相手ホストの場合は、ルータのIPアドレスを指定したARPブロードキャストによりルータのMACアドレスを取得します。

《答え》 D

問題 5-4

重要度《★★★》 □□□

IANAで定められているIPv4のプライベートアドレスはどれですか？　3つ選択してください。

A. 1.0.0.0/8　　**B.** 10.0.0.0/8
C. 172.16.0.0/16　　**D.** 192.168.1.0/24
E. 224.0.0.0/24

《解説》 プライベートアドレスとはファイアウォール内部（組織の内部ネットワーク）で使うアドレスのことです。

それに対して、インターネット上で使うアドレスがグローバルアドレスです。
プライベートアドレスはIANAによって予約され、RFC1918で以下のとおり規定されています。

プライベートアドレス

クラス	アドレス
A	10.0.0.0 - 10.255.255.255
B	172.16.0.0 - 172.31.255.255
C	192.168.0.0 - 192.168.255.255

グローバルアドレスはNIC (Network Information Center) によって管理される重複のないアドレスですが、プライベートアドレスは内部ネットワークで自由に割り当てて使うことができます。内部ネットワークからインターネットに出て行くときは、プライベートアドレスはグローバルアドレスに変換され、インターネットから内部ネットワークに入って来る時は、グローバルアドレスからプライベートアドレスに変換されます。

参考

IANA (Internet Assigned Numbers Authority) はインターネットプロトコルに関連した番号やシンボルの割り当てを管理している組織です。プライベートアドレスや「WELL KNOWN PORT NUMBERS」と呼ばれるサービスに対応して予約されたポート番号の割り当てなどを行っています。IANAについてはRFC1700で記述されています。

《答え》B、C、D

問題 5-5

重要度《★★★》 □□□

IPv6のアドレスの説明で正しいものはどれですか？　3つ選択してください。

A. IPv6のアドレスは128ビットのアドレス空間を持つ
B. グローバルユニキャストアドレスはインターネットで使用できる一意のアドレスである
C. リンクローカルアドレスは同一サイト内の異なったサブネット間での通信に使用できる
D. アドレス表記においてビットがすべて0のフィールドが連続している場合、その間の0を省略して「::」と表記できる

《解説》IPv6は、インターネットの普及にともなうIPv4の32ビットアドレスの不足を解決するために開発された128ビットのアドレス空間を持つプロトコルです。Linuxカーネルは2.2からIPv6に対応しています。またDNS、メール、Webなどの主要なネットワークアプリケーションの多くもIPv6に対応しています。

IPv6のアドレスには複数の種類とスコープ(有効範囲)があり、通常はグローバルユニキャストアドレス(GUA)とリンクローカルアドレス(LLA)が使われます。
グローバルユニキャストアドレスはインターネット上で使用するアドレスです。リンクローカルアドレスは同一リンク上でのみ有効なアドレスです。
また2005年には、RFC4193によりIPv4のプライベートアドレスに相当する、サイト内で使用するローカルなアドレスとして、ユニークローカルユニキャストアドレス(ULA)が定義されました。アドレス中に一部ランダムな値を取り入れることで、他サイトのULAとのアドレス重複を回避するよう意図されています。
アドレスフォーマットは、GUAはRFC3587、LLAはRFC4291、ULAはRFC4193にて、それぞれ次のように規定されています。

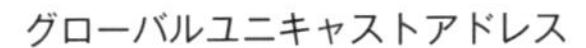

グローバルユニキャストアドレス

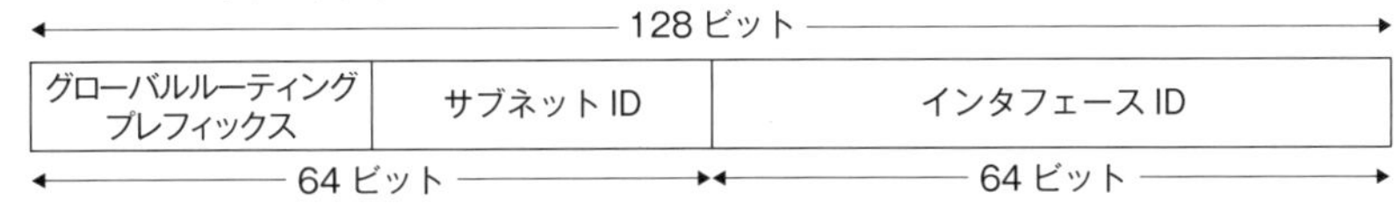

先頭の 3 ビットが "001"、プレフィックスは 2000::/3

リンクローカルアドレス

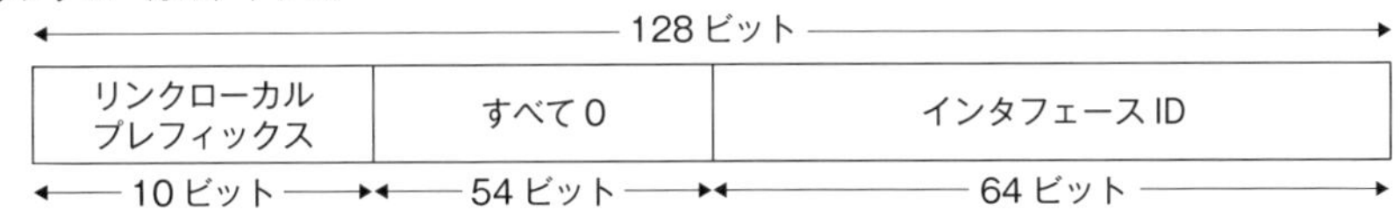

先頭の 10 ビットが "1111111010"、その後に 54 ビットが "0"
プレフィックスは fe80::/64

ユニークローカルユニキャストアドレス

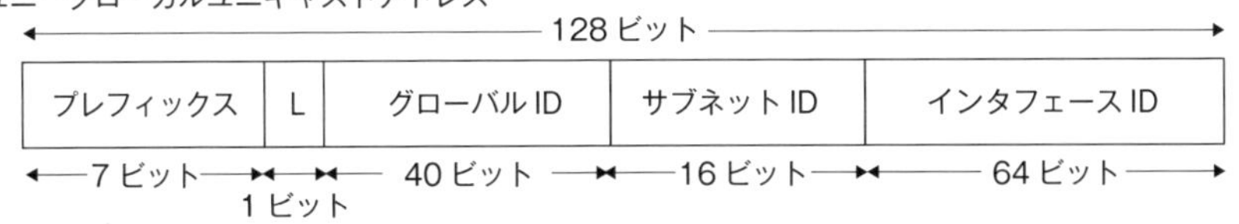

先頭の 7 ビットが "1111110"、プレフィックスは fc00/7。
続く 1 ビット (L) が "1"→ローカルに定義、"0"→未定義 (将来用)。
グローバル ID は乱数で生成

64ビットのインタフェースIDはIPv4のホスト部に該当します。インタフェースIDは、イーサネットの場合は通常、48ビットのイーサネットアドレスから64ビットのインタフェースIDを生成します。
IPv6のアドレスは128ビットを16ビットごとにコロン「:」で区切り、8つのフィールドに分けて16進数で表記します。
次の場合は表記の省略ができます。

●フィールドの先頭に0が連続する場合は省略できる

例) 0225→225

●0のみが連続するフィールドで全体で一箇所だけ「::」と省略できる

例）fe80:0000:0000:0000:0225:64ff:fe49:ee2f→fe80::225:64ff:fe49:ee2f

以下はIPv6アドレスの指定や表示の例です。

実行例

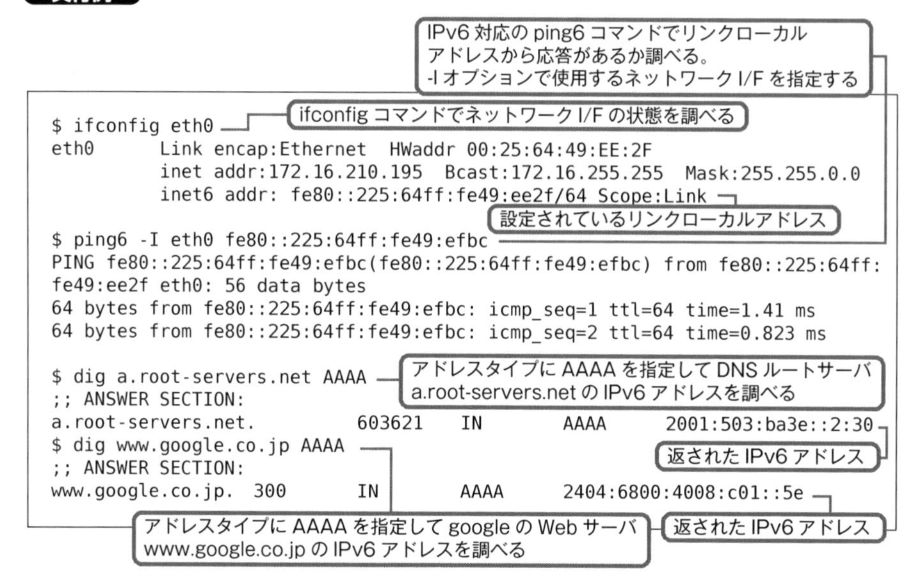

```
$ ifconfig eth0
eth0      Link encap:Ethernet  HWaddr 00:25:64:49:EE:2F
          inet addr:172.16.210.195  Bcast:172.16.255.255  Mask:255.255.0.0
          inet6 addr: fe80::225:64ff:fe49:ee2f/64 Scope:Link

$ ping6 -I eth0 fe80::225:64ff:fe49:efbc
PING fe80::225:64ff:fe49:efbc(fe80::225:64ff:fe49:efbc) from fe80::225:64ff:
fe49:ee2f eth0: 56 data bytes
64 bytes from fe80::225:64ff:fe49:efbc: icmp_seq=1 ttl=64 time=1.41 ms
64 bytes from fe80::225:64ff:fe49:efbc: icmp_seq=2 ttl=64 time=0.823 ms

$ dig a.root-servers.net AAAA
;; ANSWER SECTION:
a.root-servers.net.       603621    IN       AAAA     2001:503:ba3e::2:30
$ dig www.google.co.jp AAAA
;; ANSWER SECTION:
www.google.co.jp.  300       IN       AAAA     2404:6800:4008:c01::5e
```


《答え》 A、B、D

問題 5-6

重要度《★★★》 □□□

IPv6の正しいアドレス表示はどれですか？　1つ選択してください。

A. 2001:503:ba3e::2:30

B. 2001::ba3e::2:30

C. 2001%240%2401%59c7%226%5eff%fe44%3fda

D. 2001.240.2401.59c7.226.5eff.fe44.3fda

《解説》 選択肢Aは表記中に「::」があり、4、5、6番目のフィールドにゼロが連続する、正しいIPv6のアドレス表記です。したがって、選択肢Aは正解です。

選択肢Bは「::」が2箇所あり、誤った表記です。選択肢Cの区切りは、「:」でなければならないところが「%」となっているので誤った表記です。選択肢Dの区切りは、「:」でなければならないところが「.」となっているので誤った表記です。

《答え》 A

問題 5-7

重要度《★★★》 □□□

IPv6の説明で正しいものはどれですか？　3つ選択してください。

A. TCP、UDP、IP、ICMPのプロトコル番号はIPv4もIPv6も同じである
B. ポートの機能はIPv4もIPv6も同じである
C. IPv4アドレスを持つノードがIPv6アドレスを持つノードと直接通信できる
D. ブロードキャストをサポートしない
E. マルチキャストをサポートしない

《解説》 プロトコル番号は上位層を識別するための番号でIPパケットのヘッダに書き込まれています。 IPv4もIPv6も同じ番号が使用されます。したがって選択肢Aは正解です。プロトコル番号は/etc/protocolsに記載されています。

/etc/protocols（抜粋）

```
ip      0    IP          # internet protocol, pseudo protocol number
icmp    1    ICMP        # internet control message protocol
tcp     6    TCP         # transmission control protocol
udp    17    UDP         # user datagram protocol
```

ポートの機能もポート番号もIPv4とIPv6で変わりはありません。したがって選択肢Bは正解です。サービス名とポート番号の一覧は/etc/servicesに記載されています。
IPv4とIPv6ではアドレス長などのフォーマットやIPヘッダのフォーマットが異なっているため互換性がありません。 IPv4アドレスを持つノードがIPv6アドレスを持つノードと通信するためには、 IPv4からIPv6への変換を行うトランスレータ、 IPv6からIPv4への変換を行うトランスレータなどの仕組みが必要であり、直接通信することはできません。したがって選択肢Cは誤りです。
また、選択肢Cの正誤には直接関係しませんが、ホストにIPv4とIPv6のアドレスの両方を設定してどちらでも使用できるようにするデュアルスタックという方式もあります。Linuxはデュアルスタックをサポートしています。また、 IPv4ノード同士がIPv6ネットワークを介して通信、あるいはIPv6ノード同士がIPv4ネットワークを介して通信するトンネリングという方式もあります。
IPv6ではブロードキャストはなくなり、必要な場合はマルチキャストを使用します。したがって選択肢Dは正解、選択肢Eは誤りです。

《答え》 A、 B、 D

問題 5-8

重要度《★★☆》

下記の内容が記述されているファイル名はどれですか？　1つ選択してください。

ファイル内容

```
telnet          23/tcp
telnet          23/udp
smtp            25/tcp          mail
smtp            25/udp          mail
```

A. /etc/hosts.conf

B. /etc/protocols

C. /etc/services

D. /etc/hosts.deny

《解説》 ネットワークを介したプロセス間の通信はプロセスが生成したTCPポートあるいはUDPポート同士を接続することにより行われます。

サーバ(プロセス)は提供するサービスごとに決められているTCPポートあるいはUDPポートの番号のポートを生成して、クライアントからのリクエストを受け付けます。

サービスを受けるクライアント(プロセス)は、サービスを提供するサーバ(プロセス)が待ち受けているTCPポートあるいはUDPポートの番号を指定してリクエストを送信します。

ポートの概要

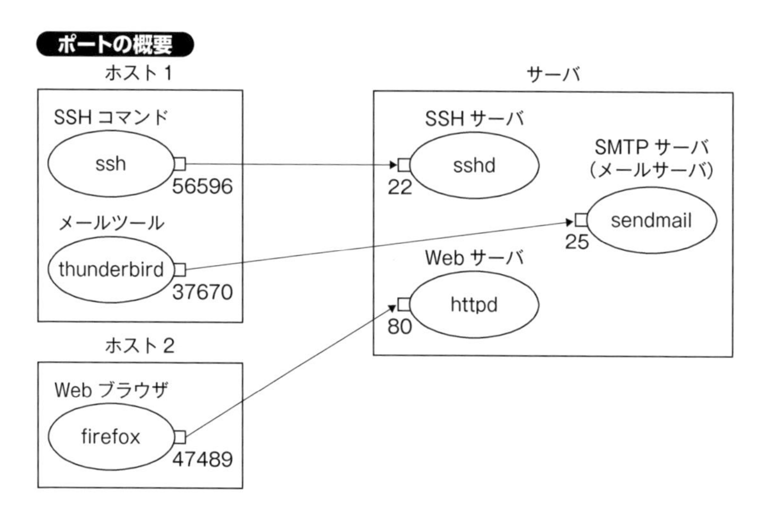

クライアント側のポート番号はOSにより空きポート番号が自動的に割り当てられます。
/etc/servicesファイルにはサービス名とポート番号の対応が記述されています。

書式 **サービス名　ポート番号/プロトコル　別名**

以下は/etc/servicesの主なサービス/ポート番号の記述行です。これらのポート番号は試験に出題される頻度が高いのでよく覚えておいてください。

/etc/services（抜粋）

```
ftp-data    20/tcp
ftp-data    20/udp
ftp         21/tcp
ftp         21/udp      fsp fspd
ssh         22/tcp                      # The Secure Shell (SSH) Protocol
ssh         22/udp                      # The Secure Shell (SSH) Protocol
telnet      23/tcp
telnet      23/udp
domain      53/tcp                      # name-domain server
domain      53/udp
http        80/tcp      www www-http    # WorldWideWeb HTTP
http        80/udp      www www-http    # HyperText Transfer Protocol
```

よく使われるサービス名とポート番号の対応は、RFC1700に「Well Known Ports」として記載されています。「Well Known Ports」の詳細は問題5-10の解説を参照してください。

ポート番号の範囲は16ビットで表現される0〜65535(2^{16}-1)です。

参考

サーバプログラムやクライアントプログラムは一般にgetservbyname()関数によって/etc/servicesファイル(あるいはネームサービス)を参照して、サービスに対応したポート番号を取得し、またgetservbyport()関数によって/etc/servicesファイル(あるいはネームサービス)を参照して、ポート番号に対応したサービス名を取得します。
ただしプログラムによっては/etc/servicesを参照せず、プログラム中で直接ポート番号を指定するものもあります。

《答え》 C

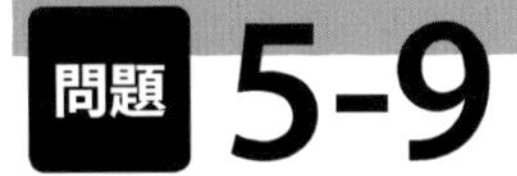

問題 5-9

重要度《★★☆》

コネクションレスの、データ信頼性の低いトランスポート層のプロトコルを大文字3文字で記述してください。

《解説》 IPとともに使用されるIPの上位のプロトコルには、TCP(Transmission Control Protocol)とUDP(User Datagram Protocol)があります。

TCPとUDPの特徴はそれぞれ、次のとおりです。

●TCP

- コネクションを確立し、確立した通信路で転送を行う(コネクション型)
- 受信側でパケットの喪失を検知すると、送信側は喪失パケットの再送を行う
- 受信パケットを正しい順番で並べ替える(パケットのシーケンス制御)
- 受信データのエラー訂正機能がある

・上記の機能のためのオーバーヘッドが生じる

●UDP

・コネクションを確立しない(コネクションレス型)
・TCPのような、喪失パケットの再送、シーケンス制御、エラー訂正機能はない
・上記によりオーバーヘッドがない

したがって、正解は「UDP」です。

《答え》UDP

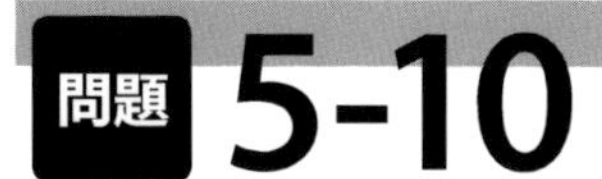

ポート番号の値についての説明で正しいものはどれですか？　2つ選択してください。

A. ポート番号の範囲は0から65535の範囲である
B. IANAが割り当てた「Well Known Ports」はIANAの許可なしに使用することはできない
C. 非特権ユーザが使用できるポート番号の最小値は1024である
D. 特権ユーザが使用するポート番号は0番である

《解説》問題5-8の解説のとおり、ポート番号の範囲は0から65535です。なおポート番号0はIANAによって予約されています。したがって選択肢Aは正解です。
「Well Known Ports」のサービスとポート番号の登録は、定められた手順によりIANAに対して行わなければなりませんが、ポートを使用する上でIANAの許可を得る必要はありません。したがって選択肢Bは誤りです。
「Well Known Ports」はRFC1700で規定された0〜1023番の範囲のポートで、IANAによってサービスに対応するポート番号が割り当てられています。「System Ports」とも呼ばれ、特権ユーザのみアクセス可能とされています。
「Registered Ports」はRFC1700に掲載されている1024〜49151番の範囲のポートで、IANAによってサービスに対応するポート番号がコミュニティの便宜に供する目的で掲載されています。ただし「Well Known Ports」と異なり、IANAがポート番号の割り当てを管理しているわけではありません。

参考

「Registered Ports」の範囲はRFC1700(October 1994)では1024〜65535と記載されていますが、RFC6535(August 2011)では1024〜49151と記載されています。本書ではRFC6535に従って1024〜49151としてあります。
「Registered Ports」は「User Ports」とも呼ばれ、非特権ユーザもアクセス可能とされています。

したがって選択肢Cは正解、選択肢Dは誤りです。

《答え》A、C

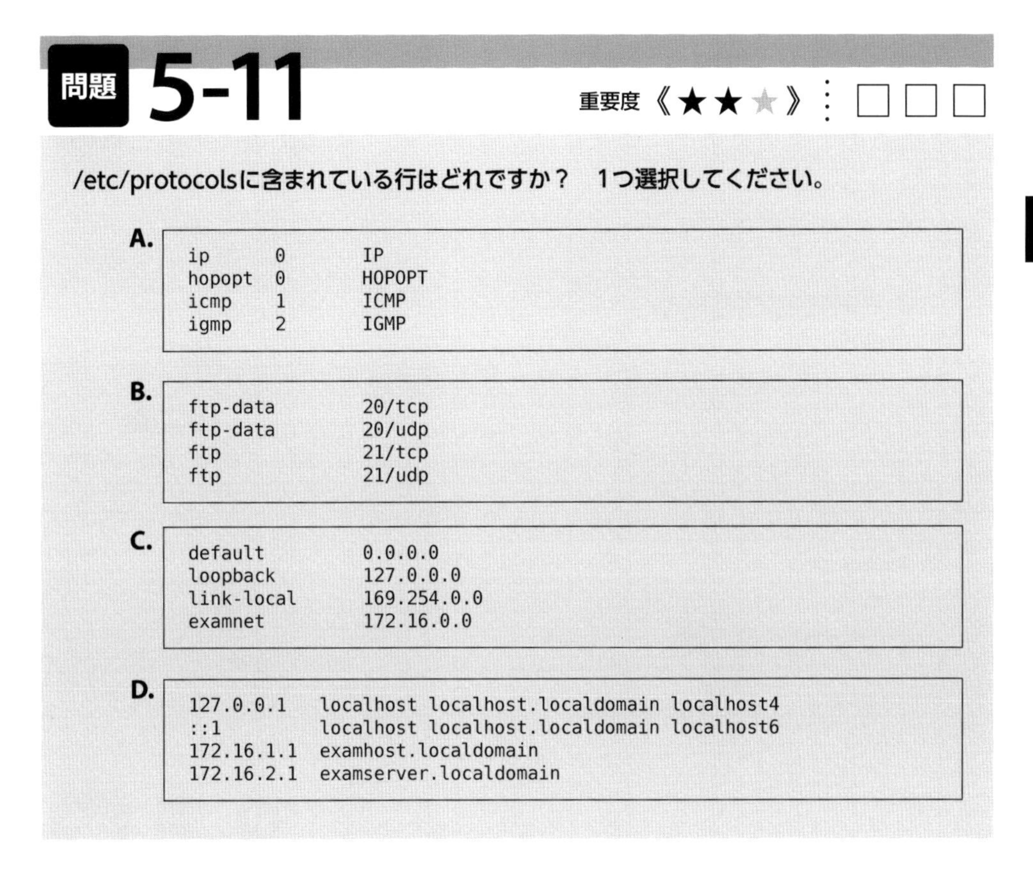

問題 5-11

重要度《★★☆》 □□□

/etc/protocolsに含まれている行はどれですか？　1つ選択してください。

A.
```
ip      0       IP
hopopt  0       HOPOPT
icmp    1       ICMP
igmp    2       IGMP
```

B.
```
ftp-data        20/tcp
ftp-data        20/udp
ftp             21/tcp
ftp             21/udp
```

C.
```
default         0.0.0.0
loopback        127.0.0.0
link-local      169.254.0.0
examnet         172.16.0.0
```

D.
```
127.0.0.1   localhost localhost.localdomain localhost4
::1         localhost localhost.localdomain localhost6
172.16.1.1  examhost.localdomain
172.16.2.1  examserver.localdomain
```

《解説》/etc/protocolsファイルはTCP/IPで利用できるプロトコルとIPパケットヘッダ使われるプロトコル番号の対応を記述したファイルです。
書式は以下のとおりで、それに合致する選択肢Aが正解です。

書式 **プロトコル名　プロトコル番号　別名**

選択肢Bは/etc/services、選択肢Cは/etc/networks、選択肢Dは/etc/hostsです。

《答え》A

問題 5-12

重要度《★★★》

複数の異なるポートを使用するサービスはどれですか？　1つ選択してください。

A. telnet
B. smtp
C. pop
D. ftp
E. dhcp

《解説》 ftpは制御用に21番、データ転送用に20番のポートを使用します。

FTPによるファイル転送

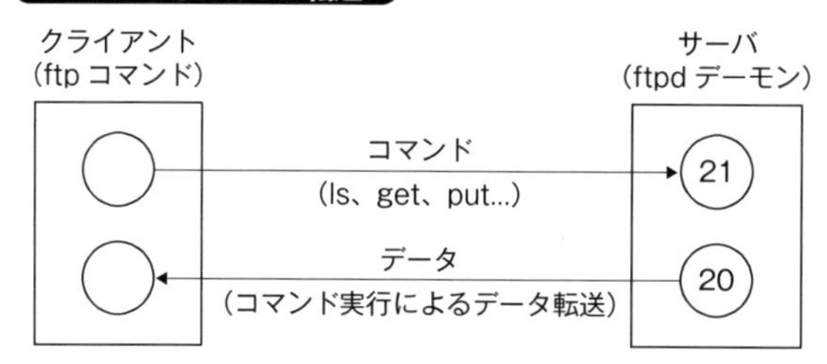

FTPのポートは/etc/servicesファイルには次のように記述されています。

/etc/servicesの抜粋

```
ftp-data        20/tcp
ftp-data        20/udp
ftp             21/tcp
ftp             21/udp          fsp fspd
```

《答え》 D

問題 5-13

重要度《★★★》

ポート23を許可しているホストがありました。セキュリティを考慮し管理者として実施したことは何ですか？　1つ選択してください。

A. ポートを閉じて、smtpを使用しないようにした
B. ポートを閉じて、telnetを使用しないようにした
C. ポートはそのまま、sshを使用するようにした
D. ポートを閉じて、ftpを使用しないようにした

《解説》 ポート23番はtelnetサービスのポート番号です。telnetは認証時のユーザ名とパスワード、ログイン後のデータ転送などはすべて暗号化されずに平文で送られます。このため、インターネットなど、盗聴される可能性があるネットワークでtelnetを使用することはセキュリティ上好ましくありません。したがって、選択肢Bが正解です。
代わりとなる安全なサービスとしてsshがありますが、問題の選択肢Cではtelnetポートを閉じないままでsshを使うとあるため誤りです。

《答え》 B

問題 5-14

重要度《★★☆》 □□□

ネットワークデーモンから起動されるデーモンは、スタンドアロンデーモンとしても起動できます。次のデーモンのうちスタンドアロンデーモンを起動するデーモンはどれですか？ 1つ選択してください。

A. inetd
B. httpd
C. init
D. routed

《解説》 スタンドアロンデーモンとはinetdあるいはxinetdを経由することなく、/etc/init.dの下のシェルスクリプトから起動されるデーモン（サーバプロセス）のことです。スタンドアロンデーモンはinitプロセスにより、シェルを経由して起動されます。
initが/etc/inittabの記述に従い、/etc/rc3.dや/etc/rc5.d等のディレクトリにあるシェルスクリプトを実行します。/etc/rc3.dや/etc/rc5.d等のディレクトリの下にあるファイルは/etc/init.dの下のシェルスクリプトへのシンボリックリンクです。
inetdとxinetdはネットワークからのサービスリクエストの受付をするデーモンです。リクエストに対応したサーバプロセスを起動します。
詳しくは第6章セキュリティを参照してください。

《答え》 C

問題 5-15

重要度《★★★》 □□□

下線部に適切なコマンド名を記述してください。

＿＿＿＿ コマンドは、アクティブなネットワークの情報とUNIXドメインソケット接続、ルーティングテーブルを表示できる

《解説》 netstatコマンドは、TCPとUDPのサービスポートの状態、UNIXドメインソケットの状態、ルーティング情報などを表示します。

構文 **netstat [オプション]**

オプション

主なオプション		説明
-a	--all	すべてのプロトコル(TCP、UDP、UNIXソケット)を表示。ソケットの接続待ち(LISTEN)を含めすべて表示
-l	--listening	接続待ち(LISTEN)のソケットを表示
-n	--numeric	ホスト、ポート、ユーザなど名前を解決せず、数字のアドレスで表示
-r	--route	ルーティングテーブルを表示
-s	--statistics	統計情報を表示
-t	--tcp	TCPソケットを表示
-u	--udp	UDPソケットを表示
-x	--unix	UNIXソケットを表示

オプションなしで実行した場合は、TCPポートのLISTEN(待機)以外のESTABLISHED(接続確立)などの状態とUNIXドメインソケットの状態を表示します。

実行例

```
$ netstat
Active Internet connections (w/o servers)
Proto Recv-Q Send-Q Local Address           Foreign Address         State
tcp        0      0 host01:48142            host02:ssh              ESTABLISHED

Active UNIX domain sockets (w/o servers)
Proto RefCnt Flags       Type       State         I-Node Path
unix  4      [ ]         STREAM     CONNECTED     1306   /tmp/.X11-unix/X0
.....（以下省略）.....
```

TCP、UDPのフィールド

TCP、UDPの各フィールド名

フィールド名	説明
Proto	ソケットが使用するプロトコル
Recv-Q	ソケットに接続しているプロセスに渡されなかったデータのバイト数
Send-Q	リモートホストが受け付けなかったデータのバイト数
Local Address	ローカル側のIPアドレスとポート番号。名前解決によってホスト名とサービス名に変換されて表示される
Foreign Address	リモート側のIPアドレスとポート番号。名前解決によってホスト名とサービス名に変換されて表示される
State	ソケットの状態。主な状態は以下のとおり ESTABLISHED：コネクションが確立 LISTEN：リクエストの到着待ち(待機状態) CLOSE_WAIT：リモート側のシャットダウンによるソケットのクローズ待ち

「Active Internet connections」では、ローカルのhost01からsshでリモートのhost02にログインして、コネクションが確立(ESTABLISHED)されていることを表しています。

「Active UNIX domain sockets」に表示されているunixとは、同じローカルホスト上のサーバプロセスとクライアントプロセスがソケットファイルを介して行うプロセス間通信の仕組みを指します。

ソケットファイルはXサーバなどがクライアントプログラムと通信するためのファイルで、/tmpの下に作られることが多いです。

ソケットファイルはls -lで表示した時、最初の文字がsと表示されます。

実行例

```
$ ls -l /tmp/.X11-unix/X0
srwxrwxrwx  1 root root 0 12月 23 08:48 /tmp/.X11-unix/X0
```

また、netstatコマンドは-rオプションを付けて「netstat -r」あるいは「netstat -nr」を実行することにより、ルーティングテーブルを表示できます。問題5-29を参照してください。

《答え》 netstat

問題 5-16

重要度《★★☆》

netstatコマンドを実行した次の表示内容の説明で、正しいものはどれですか？　3つ選択してください。

実行結果

```
Active Internet connections (servers and established)
Proto Recv-Q Send-Q  Local Address              Foreign Address          State
tcp        0      0  *:smtp                     *:*                      LISTEN
tcp        0      0  linux1.localdomain:1023    linux2.localdomain:login ESTABLISHED
tcp        0      0  linux1.localdomain:login   linux3.localdomain:1023  ESTABLISHED
udp        0      0  linux1.localdomain:domain *:*
udp        0      0  localhost:domain           *:*
unix  4      [ ]        STREAM     CONNECTED     1306   /tmp/.X11-unix/X0
unix  3      [ ]        STREAM     CONNECTED     1299
unix  2      [ ]        DGRAM                    1216
unix  2      [ ]        DGRAM                    1167
```

A. このホストはsmtpのサーバになっている
B. このホストはDNSサーバになっている
C. linux3からこのホストにrloginしている
D. このホストからlinux3にrloginしている

《解説》 選択肢A、B、Cはnetstatコマンドの実行結果の以下の行の説明です。

●選択肢A：プロトコルはtcp、サービス名はsmtp

```
tcp        0      0  *:smtp                     *:*                      LISTEN
```

●選択肢B：プロトコルはUDP、サービス名はdomain（DNSサーバのサービス名はdomain）

```
udp        0      0  linux1.localdomain:domain  *:*
```

●選択肢C：プロトコルはtcp、サービス名はlogin（サーバはrlogind）

```
tcp       0      0  linux1.localdomain:login   linux3.localdomain:1023    ESTABLISHED
```

《答え》 A、B、C

問題 5-17

重要度《★★★》 □□□

次の表示結果を得るコマンドラインはどれですか？　1つ選択してください。

実行結果

```
Active Internet connections (servers and established)
Proto Recv-Q Send-Q  Local Address               Foreign Address          State
tcp        0      0  *:smtp                      *:*                      LISTEN
tcp        0      0  linux1.localdomain:1023     linux2.localdomain:login  ESTABLISHED
tcp        0      0  linux1.localdomain:login    linux3.localdomain:1023   ESTABLISHED
udp        0      0  linux1.localdomain:domain   *:*
udp        0      0  localhost:domain            *:*
unix   4        [ ]       STREAM     CONNECTED      1306    /tmp/.X11-unix/X0
unix   3        [ ]       STREAM     CONNECTED      1299
unix   2        [ ]       DGRAM                     1216
unix   2        [ ]       DGRAM                     1167
```

A. netstat -a　　**B.** netstat -na
C. netstat -t　　**D.** netstat -tn
E. netstat -r　　**F.** netstat -nr

《解説》 tcp、udp、unixのすべてが表示されているので、-aオプションを付けた選択肢が正解です。

-nオプション（numericオプション）を付けるとIPアドレスやポート番号はホスト名やサービス名に変換されずに数値のまま表示されます。この問題の場合はホスト名やサービス名に変換されているので、-nオプションを使った選択肢は間違いです。

《答え》 A

問題 5-18

重要度《★★★》 □□□

インターネットに接続した環境で「netstat　-a」、「netstat -r」コマンドを実行したところハングしてしまい何も結果が返ってきません。最も考え得る原因を1つ選択してください。

A. NFSからの応答がない　　**B.** DNSからの応答がない
C. NISからの応答がない　　**D.** コマンドオプションの誤り

《解説》 netstatで-nを付けずに実行した場合、ネームサービスの設定によってIPアドレスをホスト名に変換するためにDNSサービスにアクセスします。
この時、DNSサーバから応答がないとホスト名に変換できないのでハングします。なおDNSから応答があり単に問い合わせのエントリが見つからない場合は数値で表示されます。

《答え》 B

問題 5-19

重要度《★★☆》

ホストをネットワークに接続しました。このホストとローカルホスト間でIPレベルで接続されているかどうかを確認する一般的なコマンドはどれですか？　1つ選択してください。

A. netstat
B. ping
C. ifconfig
D. ssh

《解説》 pingコマンドはICMPというプロトコルを使用したパケットをホストに送信し、その応答を調べることにより、IPレベルでのホスト間の接続性をテストします。

構文 `ping [オプション] 送信先ホスト`

オプション

主なオプション	説明
-c 送信パケット個数(count)	送信するパケットの個数を指定。指定された個数を送信するとpingは終了する。デフォルトでは[Ctrl]+[C]で終了するまでパケットの送信を続ける
-i 送信間隔(interval)	送信間隔を指定(単位は秒)。デフォルトは1秒

実行例

```
$ ping host01 ―①
PING host01 (172.16.0.1) 56(84) bytes of data.
64 bytes from host01 (172.16.0.1): icmp_seq=1 ttl=64 time=1.03 ms
64 bytes from host01 (172.16.0.1): icmp_seq=2 ttl=64 time=0.532 ms
^C
--- host01 ping statistics ---
2 packets transmitted, 2 received, 0% packet loss, time 1552ms
rtt min/avg/max/mdev = 0.532/0.784/1.036/0.252 ms

$ ping -c 1 host01 ―②
PING examhost (172.16.0.1) 56(84) bytes of data.
64 bytes from host01 (172.16.0.1): icmp_seq=1 ttl=64 time=0.555 ms

--- host01 ping statistics ---
1 packets transmitted, 1 received, 0% packet loss, time 0ms
rtt min/avg/max/mdev = 0.555/0.555/0.555/0.000 ms

$ ping -c 1 host02 ―③
PING 172.16.210.148 (172.16.0.2) 56(84) bytes of data.
From 172.16.210.195 icmp_seq=1 Destination Host Unreachable

--- 172.16.0.2 ping statistics ---
1 packets transmitted, 0 received, +1 errors, 100% packet loss, time 3001ms
```

①「2 packets transmitted, 2 received, 0% packet loss」のメッセージから、2個のパケットに対して応答があり、パケットの喪失(packet loss)はゼロであることがわかります。pingを中止する時は[Ctrl]+[c]を押します。
②「-c 1」オプションの指定により、パケットを1個だけ送信しています。
③「Destination Host Unreachable」および「100% packet loss」のメッセージから、host02から応答がないことがわかります。

IPv6アドレスを指定する場合はping6コマンドを使用します。構文はpingコマンドと同じです。
リンクローカルアドレスを指定する場合は-Iオプションを付けて「-I インタフェース」として実行する必要があります。リンクローカルアドレスを指定した場合の実行例は問題5-5の解説を参照してください。

実行例

```
$ ping6 -c 1 www.google.co.jp
PING www.google.co.jp(kix03s02-in-x03.1e100.net) 56 data bytes
64 bytes from kix03s02-in-x03.1e100.net: icmp_seq=1 ttl=53 time=214 ms

--- www.google.co.jp ping statistics ---
1 packets transmitted, 1 received, 0% packet loss, time 0ms
rtt min/avg/max/mdev = 214.780/214.780/214.780/0.000 ms
```

《答え》 B

問題 5-20

重要度《★★☆》 □□□

pingコマンドが利用しているプロトコルはどれですか？　1つ選択してください。

A. SNMP　　**B.** TFTP
C. IGMP　　**D.** ICMP

《解説》 ICMP（Internet Control Message Protocol）はデータ転送時の異常を通知する機能や、ホストやネットワークの状態を調べる機能を提供するプロトコルでIPと共に実装されます。

pingコマンドはICMPを利用します。ICMPの「echo request」パケットを相手ホストに送信し、相手ホストからの「echo reply」パケットの応答により、接続性を調べます。

pingコマンドはシステムコールsocket()を発行してRAWソケットによりICMP ECHOパケットを生成します。RAWソケットを使用するとIPヘッダをはじめ、TCP、UDP、ICMPのヘッダの内容を自由に定義してパケットを生成できるので、セキュリティ上、その使用はカーネルによるroot権限かケーパビリティと呼ばれる権限を持つプロセスのみに制限されます。このため、一般ユーザがpingコマンドを使えるように、pingコマンドにはSUIDかRAWソケットにアクセスするためのケーパビリティが設定されています。

《答え》 D

問題 5-21

重要度《★★★》 □□□

デフォルトゲートウェイを設定しましたが、インターネット上のサーバにアクセスできません。経路のどこに問題があるか調べるためのコマンドを記述してください。

《解説》 tracerouteコマンドは、IPパケットが最終的な宛先ホストにたどり着くまでの経路をトレースして表示します。

tracerouteコマンドは宛先ホストに対して送信パケットのTTL（Time To Live）の値を1、2、3……とインクリメントしながらパケットの送信を繰り返します。経由したルータの数がTTLの値を超えると経路中のルータ/ホストはICMPのエラーであるTIME_EXCEEDEDを返します。このエラーパケットの送信元アドレスを順にトレースすることで経路を特定します。

tracerouteがパケット送信に使用するデフォルトのプロトコルはUDPです。経路中のホストのアプリケーションによって処理されないように、通常使用されないポート番号を宛先とします。送信パケットと応答パケットの対応付けのため、パケットを送信するたびに宛先UDPポート番号は+1されます。宛先UDPポートのデフォルトの初期値は33434番です。
-Iオプションを付けることによりICMPパケットを送信することもできます。この場合、RAWソケットによりICMP ECHOパケットを生成するので、実行するには問題5-20の解説のとおり、root権限かケーパビリティと呼ばれる権限が必要なため、-Iオプションはrootユーザしか使用できません。

構文 **traceroute [オプション] 送信先ホスト**

オプション

主なオプション	説明
-I	ICMP ECHOパケットを送信。デフォルトはUDPパケット
-f TTL初期値	TTL(Time To Live)の初期値を指定。デフォルトは1

実行例

```
$ traceroute host03
traceroute to host03 (172.17.0.1), 30 hops max, 60 byte packets
 1  router.localdomain (172.16.255.254)  0.231 ms  0.201 ms  0.173 ms
 2  host03 (172.17.0.1)  0.552 ms  0.541 ms  0.408 ms
```

ローカルホストからルータrouter.localdomain (172.16.255.254) を経由して宛先のhost03に到達したことがわかります。
IPv6アドレスを指定する場合はtraceroute6コマンドを使用します。構文はtracerouteコマンドと同じです。

実行例

```
$ traceroute6 www.google.co.jp
traceroute to www.google.co.jp (2404:6800:400a:805::2003), 30 hops max, 80 byte
packets
 1  2001:240:2401:8ace:a612:42ff:fe98:7048 (2001:240:2401:8ace:a612:42ff:fe98:7
048)  9.069 ms  8.971 ms  9.372 ms
 2  2001:240:2401:8ace:0:12:7b60:9040 (2001:240:2401:8ace:0:12:7b60:9040)
237.853 ms  237.782 ms  238.047 ms
.....（途中省略）.....
13  2001:4860::1:0:ab2f (2001:4860::1:0:ab2f)  97.678 ms  98.377 ms  99.328 ms
14  2001:4860:0:1::683 (2001:4860:0:1::683)  98.448 ms  99.382 ms  118.521 ms
15  kix03s02-in-x03.1e100.net (2404:6800:400a:805::2003)  84.147 ms  104.703 ms
101.394 ms
```

またtracerouteに類似したコマンドにtracepathがあります。tracepathはtracerouteより機能が少なく、特権を必要とするRAWパケットを生成するオプションもありません。

構文 **tracepath [オプション] 送信先ホスト**

tracepathがパケット送信に使用するプロトコルはUDPです。送信先ホストにIPv6アドレスを指定する場合はtracepath6コマンドを使用します。

《答え》 traceroute

問題 5-22

重要度《★★★》 □□□

あるホストでTCPポート58769が接続待ち状態ですが、このポートをどのプロセスがオープンしているか不明です。プロセスを特定するためのコマンドを1つ選択してください。

A. netstat　　**B.** ifconfig
C. lsof　　**D.** tcpdump

《解説》 lsofはプロセスによってオープンされているファイルの一覧を表示するコマンドです。引数にファイル名を指定すると、そのファイルをオープンしているプロセスを表示します。

また、-i:[ポート番号]オプションを付けることによって、指定のポートをオープンしているプロセスを見つけることができます。

なお、rootユーザだけがすべてのファイル、すべてのポートを表示できます。

構文 `lsof [オプション] [ファイル名]`

オプション

主なオプション	説明
-i	オープンしているインターネットファイル(ポート)とプロセスを表示する。「-i:ポート番号」あるいは「-i:サービス名」として、特定のポートやサービスを指定することもできる
-p プロセスID	指定したプロセスがオープンしているファイルを表示する
-P	ポート番号をサービス名に変換せず、数値のままで表示する

実行例

```
# lsof ──①
COMMAND     PID       USER   FD       TYPE      DEVICE SIZE/OFF        NODE NAME
init          1       root  cwd        DIR         8,7     4096           2 /
init          1       root  rtd        DIR         8,7     4096           2 /
init          1       root  txt        REG         8,7   145180      917558 /sbin/init
.....(以下省略).....
# lsof /var/log/messages ──②
COMMAND    PID USER    FD    TYPE DEVICE SIZE/OFF    NODE NAME
rsyslogd 1632 root     1w    REG     8,7    208291 265011 /var/log/messages
more      5185 root     3r    REG     8,7    208291 265011 /var/log/messages
# netstat -a ──③
Active Internet connections (only servers)
Proto Recv-Q Send-Q Local Address               Foreign Address             State
tcp        0      0 *:58769                     *:*                         LISTEN
.....(以下省略).....
# lsof -i:58769 ──④
COMMAND     PID     USER    FD   TYPE DEVICE SIZE/OFF NODE NAME
rpc.statd 2022 rpcuser     9u   IPv4  11371      0t0  TCP *:58769 (LISTEN)
```

①引数を付けずに実行しています。オープンされているすべてのファイルが表示されます。
②引数に/var/log/messagesを指定しています。このファイルをオープンしているプ

ロセスがrsyslogdとmoreコマンドであることがわかります。
③netstatコマンドにより58769番ポートがLISTEN状態であることがわかりますが、このポートをオープンしているプロセスは不明です。
④58769番ポートをオープンしているプロセスがrpc.statdであることがわかります。

《答え》 C

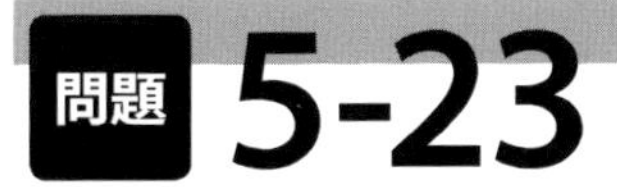

問題 5-23

重要度《★★★》

ネットワークインタフェースカードeth0のアドレスを192.168.1.1に設定するために使用するコマンドを記述してください。

________ eth0 192.168.1.1

《解説》 ifconfigコマンドはネットワークI/Fの設定、表示をすることができます。

実行例

```
# ifconfig eth0 172.16.0.1 up ——①
# ifconfig——②
eth0      Link encap:Ethernet  HWaddr 00:25:64:49:EE:2F
          inet addr:172.16.0.1  Bcast:172.16.255.255  Mask:255.255.0.0
          inet6 addr: fe80::225:64ff:fe49:ee2f/64 Scope:Link
          UP BROADCAST RUNNING MULTICAST  MTU:1500  Metric:1
          RX packets:67366 errors:0 dropped:0 overruns:0 frame:0
          TX packets:55302 errors:0 dropped:0 overruns:0 carrier:0
          collisions:0 txqueuelen:1000
          RX bytes:49630696 (47.3 MiB)  TX bytes:9086672 (8.6 MiB)
          Interrupt:16

lo        Link encap:Local Loopback
          inet addr:127.0.0.1  Mask:255.0.0.0
          inet6 addr: ::1/128 Scope:Host
          UP LOOPBACK RUNNING  MTU:16436  Metric:1
          RX packets:13 errors:0 dropped:0 overruns:0 frame:0
          TX packets:13 errors:0 dropped:0 overruns:0 carrier:0
          collisions:0 txqueuelen:0
          RX bytes:832 (832.0 b)  TX bytes:832 (832.0 b)
# ifconfig eth0 down——③
```

①ネットワークI/F eth0のIPアドレスを172.16.0.1に設定し、I/Fをup（動作状態）しています。
②ネットワークI/Fの状態を表示しています。1枚目のI/Fであるeth0と、ループバックI/Fであるloの状態が表示されています。
「inet addr:172.16.0.1」の表示によってI/F eth0のIPアドレスが172.16.0.1に設定されていることがわかります。

③ネットワークI/F eth0をdown(停止状態)にしています。

また、 ifupコマンドでもネットワークI/Fのupができます。

実行例

```
# ifup eth0
アクティブ接続の状態： アクティベート中
アクティブ接続のパス： /org/freedesktop/NetworkManager/ActiveConnection/2
状態： アクティベート済み
接続はアクティベート済み
```

ifdownコマンドでもネットワークI/Fのdownができます。

実行例

```
# ifdown eth0
デバイスの状態： 3 ( 切断済み )
```

ネットワークI/Fをdownするとそのl/Fを使用しているルーティングテーブルのエントリは削除されるので注意してください。再びl/Fをupした時にはルーティングテーブルのエントリも追加する必要があります。

《答え》 ifconfig

問題 5-24

重要度《★★★》 □□□

ipコマンドの説明で正しいものはどれですか？　2つ選択してください。

A. ネットワークインタフェースの表示と設定を行う
B. リモートホストとの間の疎通確認を行う
C. リモートホストに到達するまでの経路を表示する
D. ルーティングテーブルの表示やエントリの追加と削除を行う

《解説》 ipコマンドはifconfigコマンドに代わる新しいコマンドです。ルーティングテーブルやARPキャッシュの管理などのifconfigコマンドにはない多様な機能があります。システム起動時の設定でもipコマンドが使用されています。
次の構文は、ネットワークインタフェースのIPアドレスの追加と削除を行います。

構文 **ip addr { add | del } IPアドレス/プレフィックス dev インタフェース名**

実行例

```
# ip addr add 172.16.0.2/16 dev eth0 ──①
# ip addr del 172.16.0.2/16 dev eth0 ──②
```

①インタフェースeth0にIPアドレス172.16.0.2/16を追加します。「/16」でネットワーク部のビット数を16ビットに指定しています。
②インタフェースeth0からIPアドレス172.16.0.2/16を削除します。

次の構文は、ネットワークインタフェースのIPアドレスを表示します。

構文 **ip addr show [インタフェース名]**

実行例

```
# ip addr show eth0
2: eth0: <BROADCAST,MULTICAST,UP,LOWER_UP> mtu 1500 qdisc mq state UP qlen 1000
    link/ether 00:25:64:49:ef:bc brd ff:ff:ff:ff:ff:ff
    inet 172.16.0.1/16 brd 172.16.255.255 scope global dynamic eth0
       valid_lft 565892sec preferred_lft 565892sec
    inet6 fe80::225:64ff:fe49:efbc/64 scope link
       valid_lft forever preferred_lft forever
```

表示の1行目の「state UP」によりeth0が稼働状態であることがわかります。eth0のIPv4アドレスが「inet 172.16.0.1/16」として表示されています。eth0のIPv6のリンクローカルアドレスが「inet6 fe80::225:64ff:fe49:efbc/64」として表示されています。
次の構文は、ルーティングテーブルのエントリの追加と削除を行います。

構文 **ip route { add | del } 宛先 via ゲートウェイ**

実行例

```
# ip route add 172.17.0.0/16 via 172.16.255.254 ──①
# ip route del 172.17.0.0/16 via 172.16.255.254 ──②
```

①ゲートウェイを172.16.255.254として、宛先ネットワーク172.17.0.0/16のエントリを追加しています。
②宛先ネットワーク172.17.0.0/16のエントリを削除しています。

次の構文は、デフォルトルートのエントリの追加と削除を行います。

構文 **ip route { add | del } default via ゲートウェイ**
ip route del default

デフォルトルートの削除は「ip route del default」として「via ゲートウェイ」を省略してもできます。

5章 ネットワークの基礎

実行例

```
# ip route add default via 172.16.255.254 ─①
# ip route del default ─②
```

①ゲートウェイを172.16.255.254として、デフォルトルートのエントリを追加しています。

②デフォルトルートのエントリを削除しています。

したがって選択肢Aと選択肢Dは正解です。リモートホストとの疎通確認やリモートホストまでの経路を表示する機能はないので、選択肢Bと選択肢Cは誤りです。

《答え》A、D

問題 5-25

重要度《★★☆》 □□□

ネットワーク172.16.0.0にあるホストで、ネットワークアドレス172.17.0.0、ネットマスク255.255.0.0を宛先とするパケットをゲートウェイ172.16.255.254に送るルーティングテーブルのエントリを追加したいと思います。実行すべきコマンドを1つ選択してください。なお、ネットワークI/Fはeth0だけがあるものとします。

A. route -add 172.17.0.0 255.255.0.0 gw 172.16.0.0
B. route -add 172.17.0.0 255.255.0.0 gw 172.16.255.254
C. route add -net 172.17.0.0 netmask 255.255.0.0 gw 172.16.0.0
D. route add -net 172.17.0.0 netmask 255.255.0.0 gw 172.16.255.254

《解説》routeコマンドはルーティングテーブルの設定と表示を行います。

構文 **表示：**`route [-n]`
追加：`route add { -net | -host } 宛先(destination) [netmask ネットマスク] gw ゲートウェイ(gateway) [インタフェース名]`
削除：`route del { -net | -host } 宛先(destination) [netmask ネットマスク] gw ゲートウェイ(gateway) [インタフェース名]`

オプション

主なオプションと引数	説明
add	エントリの追加
del	エントリの削除
-net	宛先をネットワークとする
-host	宛先をホストとする
宛先	宛先となるネットワーク、またはホスト。ルーティングテーブルの表示でのDestinationに該当する
netmask	宛先がネットワークの時に、宛先ネットワークのネットマスクを指定する
gw ゲートウェイ	到達可能な次の送り先となるゲートウェイ
インタフェース	使用するネットワークI/F。 gwで指定されるゲートウェイのアドレスから通常はI/Fは自動的に決定されるので指定は省略できる

ルーティング

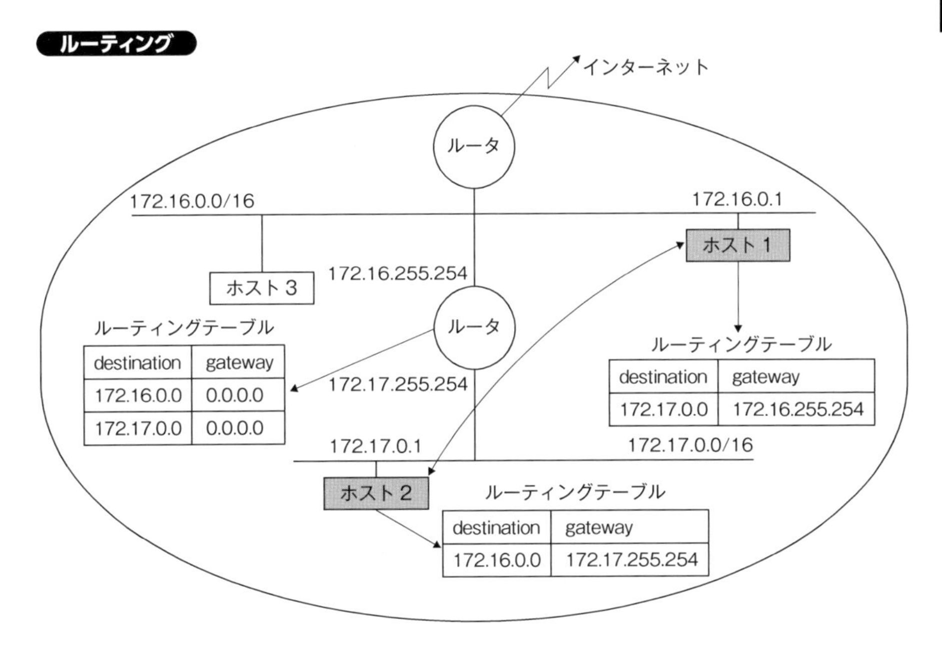

次の実行例は上記図のホスト1（172.16.0.0のネットワーク）からルータを介してホスト2（172.17.0.0のネットワーク）への経路を追加、表示、削除している例です。

実行例

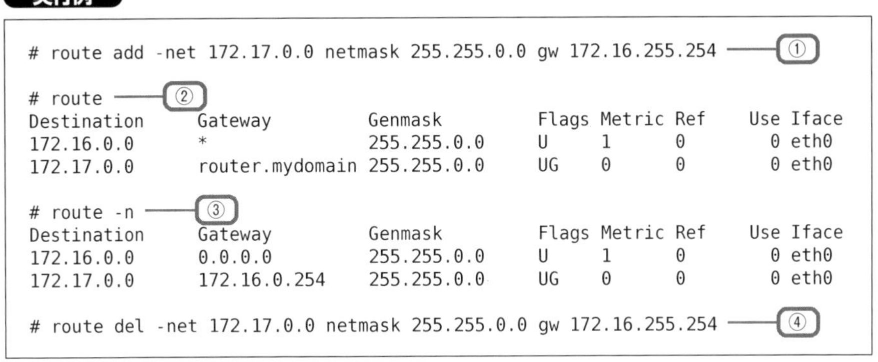

```
# route add -net 172.17.0.0 netmask 255.255.0.0 gw 172.16.255.254 ——①

# route ——②
Destination     Gateway           Genmask         Flags Metric Ref    Use Iface
172.16.0.0      *                 255.255.0.0     U     1      0        0 eth0
172.17.0.0      router.mydomain   255.255.0.0     UG    0      0        0 eth0

# route -n ——③
Destination     Gateway           Genmask         Flags Metric Ref    Use Iface
172.16.0.0      0.0.0.0           255.255.0.0     U     1      0        0 eth0
172.17.0.0      172.16.0.254      255.255.0.0     UG    0      0        0 eth0

# route del -net 172.17.0.0 netmask 255.255.0.0 gw 172.16.255.254 ——④
```

①宛先ネットワーク172.17.0.0(netmask 255.255.0.0)へのルータに172.16.255.254を指定してエントリを追加します。
②ルーティングテーブルを表示します。
③ルーティングテーブルを-nオプションにより数値で表示します。
④エントリの削除は追加した時のaddをdelに変えて実行します。

routeコマンドで表示されるルーティングテーブルのエントリの各フィールドの意味は次のとおりです。
なお、「netstat -r」コマンドでも同様にルーティングテーブルを表示できます。

ルーティングテーブルのフィールド名

フィールド名	説明
Destination	宛先ネットワークまたは宛先ホスト
Gateway	ゲートウェイ(ルータ)。直結されたネットワークでゲートウェイなしの場合は0.0.0.0(または「*」と表示)
Genmask	宛先ネットワークのネットマスク。デフォルトルートの場合は0.0.0.0(または「*」と表示)
Flags	主なフラグは以下のとおり U:経路は有効(Up)、H:宛先はホスト(Host)、G:ゲートウェイ(Gateway)を通る、 !:経路を拒否(Reject)
Metric	宛先までの距離。通常はホップカウント(経由するルータの数)
Ref	この経路の参照数 (Linux カーネルでは使用しない)
Use	この経路の参照回数
Iface	この経路で使用するネットワークI/F

《答え》 D

問題 5-26

重要度《★★☆》 □□□

外部ネットワークと内部ネットワークを接続するルータにeth0、eth1のネットワークインタフェースが正しく設定されています。またルーティングテーブルも正しく設定されていますが、ルーティングが行われていません。
パケットのフォワーディングが行われていない可能性が高いので、それを確認するために次のファイルを確認したいと思います。下線部に入るファイル名を記述してください。

cat /proc/sys/net/ipv4/________

《解説》 Linuxをルータにするにはルーティングテーブルの設定の他に、1つのネットワークI/Fから別のネットワークI/Fへのパケットのフォワーディングを許可する設定が必要になります。
フォワーディングはカーネル変数ip_forwardの値を1にすることでオンになり、0にすることでオフになります。

ip_forwardの値の変更や表示は、次のようにカーネル情報を格納している/procファイルシステムの中の/proc/sys/net/ipv4/ip_forwardにアクセスすることによりできます。

実行例

```
# cat /proc/sys/net/ipv4/ip_forward ——①
0
# echo 1 > /proc/sys/net/ipv4/ip_forward ——②
# cat /proc/sys/net/ipv4/ip_forward ——③
1
```

①ip_forwardの値を表示します。値は0となっているので、フォワーディングはオフの状態です。
②ip_forwardに1を書き込みます。
③ip_forwardの値を表示します。値は1となっているので、フォワーディングはオンの状態です。

参考

sysctlコマンドでも、ip_forwardの値の設定や表示ができます。

実行例

```
# sysctl net.ipv4.ip_forward ——①
net.ipv4.ip_forward = 0
# sysctl -w net.ipv4.ip_forward=1 ——②
net.ipv4.ip_forward = 1
```

①ip_forwardの値を表示します。値は0となっています。
②ip_forwardに1を書き込みます。
上記のコマンドによる変更はカーネルのメモリ中の変更なので、システムを再起動すると0になります。/etc/sysctl.confに設定することにより、システム起動時にip_forwardの値を設定できます。

/etc/sysctl.conf の抜粋

```
net.ipv4.ip_forward = 1
```

《答え》 ip_forward

問題 5-27

重要度《★★★》 □□□

デフォルトゲートウェイとして172.16.255.253を追加するコマンドはどれですか？以下の選択肢から1つ選んでください。

- **A.** route -net gw 172.16.255.253
- **B.** route gw default 172.16.255.253
- **C.** route add default gw 172.16.255.253
- **D.** route default gw 172.16.255.253
- **E.** route net default gw 172.16.255.253

《解説》デフォルトルートを指定する場合は、routeコマンドの実行時に、宛先を「default」とします。

構文 `route add default gw ゲートウェイ(gateway) [インタフェース名]`

問題5-25の解説のとおり、インタフェース名は通常は省略できます。

デフォルトルート

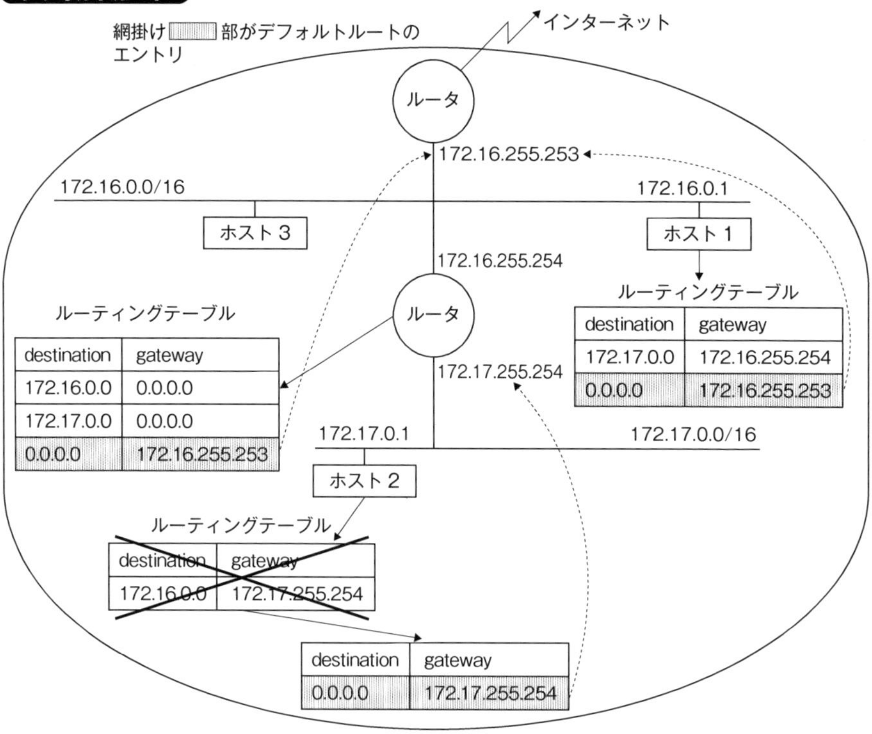

網掛け部がデフォルトルートのエントリ

インターネット

ルータ

172.16.255.253

172.16.0.0/16

172.16.0.1

ホスト3

ホスト1

172.16.255.254

ルータ

172.17.255.254

172.17.0.1

172.17.0.0/16

ホスト2

ルーティングテーブル

destination	gateway
172.16.0.0	0.0.0.0
172.17.0.0	0.0.0.0
0.0.0.0	172.16.255.253

ルーティングテーブル

destination	gateway
172.17.0.0	172.16.255.254
0.0.0.0	172.16.255.253

ルーティングテーブル

destination	gateway
172.16.0.0	172.17.255.254

destination	gateway
0.0.0.0	172.17.255.254

デフォルトルートはルーティングテーブルに該当するエントリがない場合の送り先(gateway)を指定するものです。
ネットワークへの出入口が1つだけの時のルータ、インターネットへの出入口となるルータなどをデフォルトルータ(ゲートウェイ)に指定します。
上記実行例のホスト2の場合、ホスト1と通信するためにホスト1のネットワークである172.16.0.0を宛先とするエントリを作成せず、172.17.255.254をゲートウェイとするデフォルトルートのエントリだけを作成しています。このエントリ1つだけで、どのネットワークへの経路にもなります。
ホスト1の場合は、インターネットへの経路となる172.16.255.253をゲートウェイとするデフォルトルートのエントリに加えて、ホスト2のネットワークである172.17.0.0への経路となる172.16.255.254をゲートウェイとするエントリを作成する必要があります。

《答え》 C

問題 5-28

重要度《★★★》 □□□

デフォルトルートについての説明で正しいものはどれですか？　1つ選択してください。

A. デフォルトルートを設定すると他のエントリは無効となる
B. デフォルトルートを設定しないと他のエントリは無効となる
C. ルーティングテーブルのどのエントリにも一致しない時に参照される
D. ルーティングテーブルのどのエントリよりも優先する

《解説》 デフォルトルートを設定してもしなくても他のエントリが無効になることはないので選択肢Aと選択肢Bは誤りです。問題5-27の解説のとおり、デフォルトルートは「ルーティングテーブルのどのエントリにも一致しない時に参照される」ので選択肢Cは正解、選択肢Dは誤りです。

《答え》 C

問題 5-29

重要度《★★★》 □□□

「netstat -nr」コマンドを実行したところ、以下のような表示結果を得ました。このホストから送信されたパケットの送り先についての説明で正しいものはどれですか？　2つ選択してください。

実行例

```
Kernel IP routing table
Destination     Gateway         Genmask         Flags Metric Ref    Use Iface
0.0.0.0         192.168.179.1   0.0.0.0         UG    1024   0        0 wlan0
192.168.1.0     0.0.0.0         255.255.255.0   U     1005   0        0 eth0
192.168.2.0     192.168.1.1     255.255.255.0   UG    0      0        0 eth0
192.168.179.0   0.0.0.0         255.255.255.0   U     0      0        0 wlan0
```

A. 192.168.2.1宛のパケットはeth0から192.168.1.1へ送られる

B. 192.168.2.1宛のパケットはwlan0からデフォルトルータ192.168.179.1へ送られる

C. 10.0.0.1宛のパケットは破棄される

D. 10.0.0.1宛のパケットはwlan0からデフォルトルータ192.168.179.1へ送られる

《解説》 宛先192.168.2.1はDestinationのネットワーク192.168.2.0に一致するのでインタフェースeth0からGateway192.168.1.1に送られます。したがって選択肢Aは正解、選択肢Bは誤りです。

宛先10.0.0.1はDestinationのネットワークのいずれにも一致しないので、デフォルトルートのエントリであるDestination0.0.0.0のエントリが適用されてインタフェースwlan0からデフォルトルータであるGateway192.168.179.1に送られます。

したがって選択肢Dは正解、選択肢Cは誤りです。

あわせてチェック!

「netstat -nr」、「route -n」のように-nオプションを付けて実行された時、Destinationが「0.0.0.0」と表示されるのがデフォルトルートです。デフォルトルートのエントリを見分けられるようにしてください。

《答え》 A、D

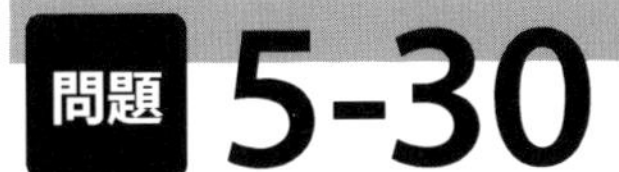

問題 5-30

重要度《★★★》 □□□

ルーティングテーブルにデフォルトゲートウェイ172.17.255.254のエントリがあります。このエントリを削除するコマンドはどれですか？　3つ選択してください。

A. route del default gw 172.17.255.254
B. route del default gw
C. route del default
D. ip route del default
E. ip del default

《解説》 デフォルトルートのエントリを削除するには、問題5-27で紹介したrouteコマンドの構文のaddをdelに変える以外に、「gw ゲートウェイ」を省略した構文も使えます。

構文
```
route del default gw ゲートウェイ [インタフェース名]
route del default
```

よって、上記の構文に従った選択肢Aと選択肢Cは正解です。
また、問題5-24で解説したとおり、ipコマンドでも「ip route del default」としてデフォルトルートを削除できます。したがって、選択肢Dは正解です。選択肢Bと選択肢Eは構文が誤っています。

《答え》 A、C、D

問題 5-31

重要度《★★☆》 □□□

外部のホストから不正なアクセスを受けています。このホストのIPアドレスは11.22.33.44でした。このホストからのアクセスのみを無効にするにはどのコマンドを使用すればよいですか？　1つ選択してください。

A. route del 11.22.33.44
B. route add 11.22.33.44 gw 127.0.0.1 lo
C. route drop 11.22.33.44
D. route add 11.22.33.44 gw 127.0.0.1 eth0

《解説》 宛先ホストのエントリが存在しなくても、通常はデフォルトルートが使用されます。したがって、ループバックに転送することで相手への返信を送らないようにします。

設定するには、選択肢Bのようにインタフェース名にloと指定します。

《答え》 B

問題 5-32

重要度《★★★》 □□□

ホスト名をexamhost.localdomainに変更したい場合、空欄に適切なコマンド名を記述してください。

____________ examhost.localdomain

《解説》 設定するホスト名を引数に指定してhostnameコマンドを実行することで、ホスト名の設定、変更ができます。ホスト名はカーネル内の変数kernel.hostnameに保存されます。システム起動時には、設定ファイルから読み込まれたホスト名がhostnameコマンドの実行により設定されます。

ホスト名を格納している設定ファイルはディストリビューションやバージョンにより異なり、/etc/sysconfig/network、/etc/hostname、/etc/HOSTNAMEなどがあります。

hostnameコマンドを引数なしに実行すると、カーネル内の変数kernel.hostnameに保持されているホスト名を表示します。

《答え》 hostname

問題 5-33

重要度《★★★》 □□□

/etc/hostsのエントリの正しい記述はどれですか？　2つ選択してください。

A. 2401:2500:102:1101:133:242:128:165　server1.mylpic.com
B. 2001.240.2401.59c7.226.5eff.fe44.3fda　server2.mylpic.com
C. server1.mylpic.com　2401:2500:102:1101:133:242:128:165
D. 133.242.128.165　server3.mylpic.com
E. server3.mylpic.com　133.242.128.165

《解説》 /etc/hostsファイルはIPアドレスとホスト名の対応情報を格納するファイルです。

書式 **IPアドレス　ホスト名　別名　...**

正しい書式に従っているのは選択肢A、B、Dですが、選択肢BはIPv6の16ビットごとの区切りが「:」となるべきところが「.」となっているので誤りです。したがって選択肢Aと選択肢Dが正解です。

選択肢Cと選択肢Eは第1フィールドがホスト名、第2フィールドがIPアドレスとなっており、書式が誤っています。

《答え》 A、D

問題 5-34

重要度《★★★》 □□□

DNSクライアントホスト上で、どのDNSサーバに対し問い合わせを行うべきかを定義するファイルの名前を絶対パスで記述してください。

《解説》 DNS（Domain Name System）はホスト名とIPアドレスの対応情報を提供するサービスです。

ホスト名とIPアドレスとの対応情報はゾーンと呼ばれる単位で分散管理され、ゾーンは階層型に構成されます。DNSはインターネット上にある全世界のホストのホスト名とIPアドレスを管理できます。また、LAN内の閉じられたシステムとして構築することもできます。ゾーンの情報を管理、提供するのがDNSサーバです。

DNSサーバが提供するサービスを受けるのがDNSクライアントですが、DNSサーバへのアクセスはネットワークアプリケーションに組み込まれているリゾルバと呼ばれるライブラリルーチンが/etc/resolv.confに記述されたDNSサーバのIPアドレスを得て行います。

DNSサービスはネットワークアプリケーション（メールツール、webブラウザ、ftpなど）の引数などにホスト名を指定した時に利用されます。また、IPアドレスをホスト名に変換して表示するようなプログラム（netstat、tcpdumpなど）を実行した時にもDNSのサービスが利用されます。

このほかに、DNSはMXレコードと呼ばれるメールの転送先の情報も提供します。MXレコードはメールの配送プログラム（MTA）から利用されます。

DNSの仕組み

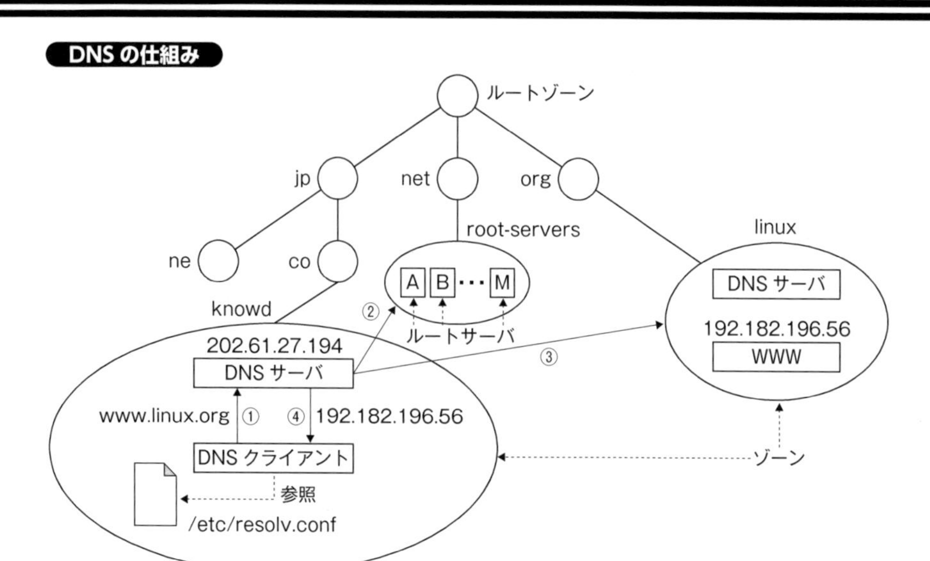

①DNSクライアントは/etc/resolv.confに書かれたDNSサーバにwww.linux.orgのIPアドレスを問い合わせます。

②クライアントから問い合わせを受けたDNSサーバはroot-servers.net内にある、A～Mまでのいずれかのルートサーバに問い合わせをして、linux.orgのDNSサーバの情報を得ます。

③クライアントから問い合わせを受けたDNSサーバはlinux.orgのDNSサーバに問い合わせをして、www.linux.orgのIPアドレス192.182.196.56を得ます。

④クライアントから問い合わせを受けたDNSサーバはクライアントにIPアドレス192.182.196.56を返します。
問い合わせの結果はサーバのメモリ空間にキャッシュされ、次に同じ問い合わせがあったときに、参照されます。

このようにDNSクライアントホストでサービスを受けるDNSサーバのIPアドレスを/etc/resolv.confファイルに記述します。

書式
```
domain ローカルドメイン名
search 検索ドメイン1 検索ドメイン2 ...
nameserver DNSサーバのIPアドレス
```

オプション

主なオプション	説明
domain	ローカルドメイン名を指定する。ドメイン名を含まないホスト名を検索する場合、このドメイン内を検索する
search	ドメイン名を含まないホスト名を検索する場合の検索するドメインを指定する。ドメインは複数指定できる。複数指定した場合、左から右に向かって見つかるまで検索し、最初に見つけた値を返す
nameserver	問い合わせをするDNSサーバのIPアドレスを指定する。通常は最大3台まで指定できる。複数指定した場合は最初の行のサーバが応答しなかった場合、次のサーバに問い合わせる。このオプションを指定しなかった場合はローカルホストのDNSサーバに問い合わせる

domainとsearchはどちらか片方を指定します。両方指定した場合は後の方が有効になります。

記述例 1

```
domain mylpic.com
nameserver 172.16.0.1
```

記述例 2

```
search mylpic.com kwd-corp.com
nameserver 172.16.0.1
nameserver 202.61.27.194
```

参考

単語としての正しいスペルはresolveと最後にeが付きますが、ファイル名には最後にeが付かないので注意してください。

《答え》 /etc/resolv.conf

問題 5-35

重要度《★★★》 □□□

DNSサービスを利用するために、適切なファイルにDNSサーバのIPアドレスを正しく指定しましたが、ネットワークアプリケーションが名前解決できません。考えられる原因は何ですか？　1つ選択してください。

- **A.** /etc/hostsにlocalhostが定義されていない
- **B.** ネットワークインタフェースのIPアドレスが正しく設定されていない
- **C.** namedを走らせていない
- **D.** /etc/nsswitch.confのhosts:の行にdnsの指定がない
- **E.** /etc/named.confファイルの記述に誤りがある

《解説》 ネットワークアプリケーションはネームサービススイッチと呼ばれる名前解決の設定ファイル/etc/nsswitch.confを参照します。

名前解決の仕組み

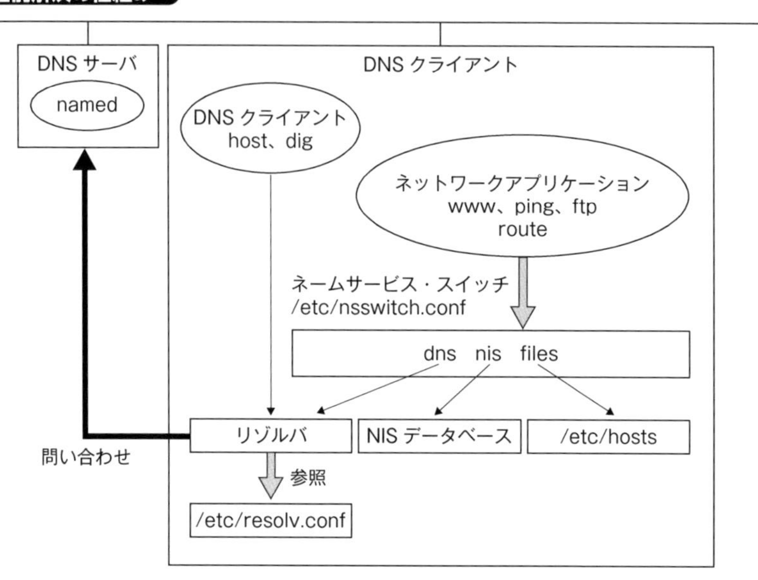

/etc/nsswitch.confのhostsエントリにdnsがあれば、DNSサーバに問い合わせを行います(問題5-40で解説するhostコマンドとdigコマンドは/etc/nsswitch.confを参照しません)。

/etc/nsswitch.conf の抜粋

```
hosts: files dns
```

エントリは左から右に向かって参照されます。前述の/etc/nsswitch.confの記述例では「hosts:files dns」とあるためfiles(/etc/hosts)で解決できなければdns(DNSのサービス)を受けます。

あわせてチェック!

hosts:のエントリのfilesとdnsは名前解決で重要な設定なので記述できるようにしてください。

《答え》 D

問題 5-36

重要度《★★★》

自ホストがDNSサーバに設定してある場合で、クライアントとしてDNSのサービスを受けるように設定したい場合、物理的なネットワークインタフェースのIPアドレスを使用せずにDNSサーバを指定するにはどのファイルにどのように記述すればいいですか？
1つ選択してください。

A. nameserver 0.0.0.0を/etc/resolv.confに記述する
B. nameserver 0.0.0.0を/etc/hostsに記述する
C. nameserver 127.0.0.1を/etc/resolv.confに記述する
D. nameserver 127.0.0.1を/etc/hostsに記述する

《解説》 DNSクライアントの設定ファイル/etc/resolv.confに自ホストのIPアドレス(127.0.0.1)を設定します。
ただし解答の選択肢を2つ選ぶならば、選択肢Aも正解です。こちらを設定してもサービスを受けることができます。
機器自身を示すアドレスとしてRFCの定義で正しいのは0.0.0.0です。しかし、0.0.0.0を別の意味で使用している実装が多くあり、機器自身を示すアドレスとして0.0.0.0が機能しなくなっている側面もあります。このため解答を1つ選ぶのであれば、選択肢Cを正解とします。

《答え》 C

問題 5-37

重要度《★★★》

次のような内容の/etc/resolv.confがあります。この記述内容の説明で正しいものはどれですか？　1つ選択してください。

/etc/resolv.conf

```
search mylpic.com
nameserver 172.16.1.1
nameserver 192.168.20.1
```

A. 常にmylpic.comを検索する
B. ドットがないホスト名はmylpic.comを検索する
C. nameserverで指定されたサーバにはラウンドロビンで交互に問い合わせをする
D. nameserverで指定されたサーバには並列に問い合わせを行い早い方の応答を採用する

《解説》 /etc/resolv.confにsearchの指定を行った場合、ドットがないホスト名についてはsearchで指定したドメインを検索します。したがって、選択肢Aは誤り、選択肢Bは正解です。
nameserverを複数指定した場合は上位に指定されたサーバから順に問い合わせを行い、応答がなくタイムアウトした場合は次の下位のサーバに問い合わせを行います。したがって、選択肢Cと選択肢Dは誤りです。 nameserverの指定は最大3台までできます。

《答え》 B

問題 5-38

重要度《★★★》

逆引きDNSとは何ですか？　1つ選択してください。

A. ホスト名をIPアドレスに変換する
B. ドメイン名をメールサーバ名に変換する
C. IPアドレスをホスト名に変換する

《解説》 DNSは次のサービスを提供します。
①ホスト名をIPアドレスに変換する

②IPアドレスをホスト名に変換する
③ドメイン名をメールサーバ名に変換する
①のサービスを正引き(DNS lookup)、②のサービスを逆引き(reverse DNS lookup)と呼びます。
逆引きはnetstatコマンドなどの表示結果にホスト名を含むアプリケーションで利用されたり、サーバのログでIPアドレスをホスト名に変換する場合に利用されたりします。
また、セキュリティ上の理由でIPアドレスから接続先のホスト名を確認する場合にも利用されます。

《答え》 C

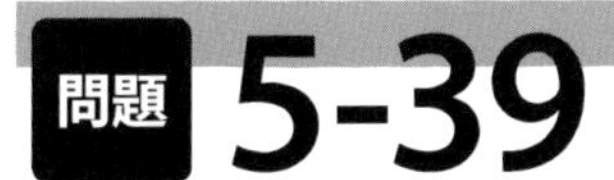

重要度《★★★》 □□□

インターネットと内部ネットワークを接続するルータにおいて、安全な接続と、高速なDNSアクセスを実現するには、どのような設定が適切ですか？　1つ選択してください。

A. ポート番号22とポート番号53のアクセスのみを許可する
B. IPパケットのフォワーディングを禁止する
C. telnetとDNSのアクセスのみを許可する

《解説》 ポート番号22はsshサービス、ポート番号53はdomain(DNS)のサービスです。
sshにより安全な接続を実現します。 DNSとssh以外のアクセスを禁止することにより不要な処理をせず高速な処理を実現します。

《答え》 A

問題 5-40

重要度《★★★》 □□□

DNSのサービスを利用して、ホスト名に対応したIPアドレスを取得したい場合に使用するコマンドについての説明で、適切なものはどれですか？　2つ選択してください。

A. hostコマンドにより対応したIPアドレスを取得できる
B. digコマンドにより対応したIPアドレスを取得でき、またデバッグのための詳細情報も取得できる
C. hostnameコマンドにより対応したIPアドレスを取得できる
D. dnsdomainnameコマンドにより対応したIPアドレスとDNSサーバの情報を取得できる

《解説》 DNSサーバへの問い合わせコマンドとしては、hostとdigがあります。

host コマンドの構文 `host [オプション] [-t 問い合わせタイプ] ドメイン名 [DNSサーバ]`

host コマンドの実行例

```
$ host mail.lpi.org ―――――――――――― ①
mail.lpi.org has address 69.90.69.237
$ host 69.90.69.237 ―――――――――――― ②
237.69.90.69.in-addr.arpa domain name pointer mail.lpi.org.
```

①mail.lpi.orgの IPアドレスを問い合わせて、69.90.69.237を得ます（正引き）。
②69.90.69.237のホスト名を問い合わせて、mail.lpi.orgを得ます（逆引き）。

dig コマンドの構文 `dig [@DNSサーバ] ドメイン [問い合わせタイプ]`

dig コマンドの実行例

```
$ dig mail.lpi.org +short ―――― ①
69.90.69.237
$ dig -x 69.90.69.237 +short ―― ②
mail.lpi.org.
```

①mail.lpi.orgの IPアドレスを問い合わせて、69.90.69.237を得ます（正引き）。
②69.90.69.237のホスト名を問い合わせて、mail.lpi.orgを得ます（逆引き）。
逆引きの場合は-xオプションを指定します。

+shortオプションを付けない場合は、詳細な情報が表示されます。DNSの調査やデバッグの時に利用します。
hostnameコマンドはホスト名の設定と表示をするコマンドであり、DNSサービスを参照しての名前解決はできないので選択肢Cは誤りです。dnsdomainnameコマンドはシステムのDNSドメイン名を表示するコマンドであり、DNSサービスを参照しての名前解決はできないので選択肢Dは誤りです。

《答え》 A、B

問題 5-41

重要度《★★★》

ポート番号25でサービスするのはどのようなホストですか？　1つ選択してください。

A. SMTPサーバ
B. SSH（Secure Shell）サーバ
C. SMTPクライアント
D. SSH（Secure Shell）クライアント

《解説》 ポート番号25はsmtpサービスです。SMTPサーバ（メールサーバ）によって提供される電子メールを配送するサービスです。
SMTPサーバ（メールサーバ）を中核とする電子メールシステムは複数のコンポーネントから構成されます。MTA、MDA、MUAが主要なコンポーネントです。

メールシステムの概要

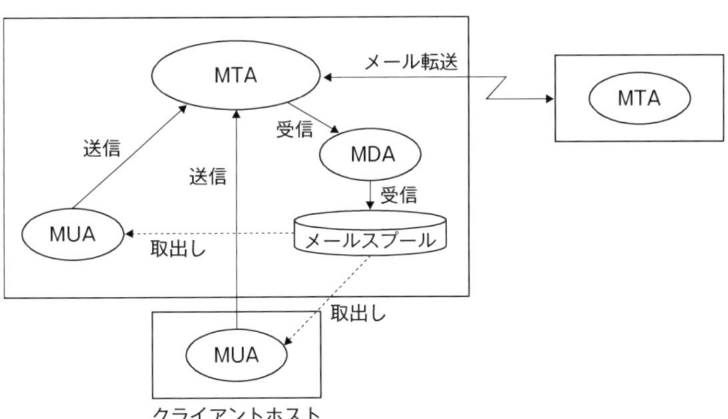

●MTA（Mail Transfer Agent）
メールの配送を行うプログラムです。メールシステムの中心的役割を担います。DNSサーバを使用してメールの送信先となるMTAのホスト名を調べます。LinuxではExim、Postfix、Sendmailなどが広く使用されています。

●MDA（Mail Delivery Agent）
MTAが受け取ったメールをローカルドメインのユーザに配信する（メールスプールに格納する）プログラムです。SendmailのデフォルトのMDAはprocmail、PostfixのMDAはlocalデーモンです。Eximはデフォルトでは外部のMDAを利用せず、Exim自身がローカル配信を行います。

●MUA (Mail User Agent)

ユーザがメールの送受信に使用するプログラムです。LinuxのCUIベースのMUAにはmailxやmuttがあります。LinuxのGUIベースの代表的なMUAとしてはEvolution、Thunderbirdなどがあります。

《答え》A

問題 5-42

重要度《★★★》 □□□

次のプログラムのうちメール転送エージェント(MTA)はどれですか? 3つ選択してください。

A. Postfix
B. Sendmail
C. Procmail
D. Exim
E. Thunderbird

《解説》Linuxで広く使用されているMTAとしてPostfix、Exim、Sendmailがあります。

Linux の主な MTA

MTAの名前	主開発者	最初のリリース	主設定ファイル	特徴
Sendmail	Eric Allman	1981年	/etc/mail/sendmail.cf	UNIX系OSの標準的なMTAとして長く使われてきたが近年のシェアは減少傾向にある
Exim	Philip Haze	1995年	/etc/exim/exim.conf	Sendmailと同じく単一のプログラムでMTAのすべての機能を制御する。Sendmailとの互換性も考慮されており、近年UNIX/Linuxで広く使われている
Postfix	Wietse Venema	1998年	/etc/postfix/main.cf /etc/postfix/master.cf	複数のデーモンが連携して動作する。Sendmailに代わるMTAとして処理速度の向上とセキュリティの強化が図られるとともにSendmailとの互換性も考慮されている

UNIX系OSの標準的なMTAとして長く使われてきたSendmailも、近年シェアは減少する傾向にあり、代わりにPostfixとEximが増加しています。PostfixとEximはSendmailとの互換性が考慮されており、Sendmailパッケージに含まれているsendmailコマンド(問題5-43参照)、newaliasesコマンド(問題5-47参照)、mailqコマンド(問題5-45参照)はPostfixでもEximでも提供されています。またSendmailと同じく、~/.forwardファイルの設定(問題5-48参照)によりユーザがメールの転送を設定することもできます。したがって選択肢A、B、Dは正解です。

ProcmailはMTAではなくMDAなので選択肢Cは誤りです。ThunderbirdはMTAではなくMUAなので選択肢Eは誤りです。

参考
SecuritySpace.comのサーベイによると2015年7月現在でインターネット上のSMTPサーバのシェアは上位から、Exim、Postfix、Sendmail、Microsoft(Exchange)の順となっており、EximとPostfixが年々増加傾向に、SendmailとMicrosoftが年々減少傾向にあります(URL:http://www.securityspace.com/s_survey/data/man.201506/mxsurvey.html)。

《答え》A、B、D

問題 5-43

重要度《★★★》

sendmailコマンドの説明で正しいものはどれですか？　2つ選択してください。

A. Sendmail、Postfix、Eximなど、どのMTAでも提供されている
B. Sendmailのパッケージでのみ提供され、MTAがSendmailの場合のみ実行できる
C. CUIベースのMUAがメールの送信の時に利用する
D. GUIベースのMUAがメールの受信の時に利用する

《解説》sendmailコマンドはSendmailパッケージだけでなく、Postfix、Eximなど、どのMTAのパッケージでも提供されています。mailxやmuttなどのCUIベースのMUAはsendmailコマンドを利用してメールを送信します。したがって、選択肢Aと選択肢Cは正解、選択肢Bと選択肢Dは誤りです。
またユーザは次のようにして、sendmailコマンドにより直接メールを送信することもできます。

実行例

```
$ sendmail yuko@mylpic.com < 送信する本文を格納したファイル
```

また、sendmailコマンドにより別名データベースを更新したり、メールキューを表示したりすることもできます。

- **別名データベースの更新**：sendmail -bi(newaliasesコマンドと同等機能。問題5-47参照)
- **メールキューの表示**：sendmail -bp(mailqコマンドと同等機能。問題5-45参照)

《答え》A、C

問題 5-44

重要度《★★★》 □□□

ローカルなユーザ宛のメールはどのディレクトリの下に届けられますか？　一般的なディレクトリを2つ選択してください。

A. /var/mail
B. /etc/mail
C. /var/spool/mail
D. /var/mail/spool

《解説》 MTAがSendmailの場合、デフォルトのMDAであるprocmailがsendmailから受け取ったメールをローカルユーザ宛に配信します。procmailのコンパイル時に/var/spool/mailを/var/mailより優先させているため、procmailは/var/spool/mailに配信します。

MTAがEximの場合、デフォルトの設定では外部のMDAを利用せず、Exim自身がローカルユーザ宛に配信します。デフォルトの設定では配信するディレクトリは/var/mailとなります。

MTAがPostfixの場合、MDAであるlocalデーモンがメールをローカルユーザ宛に配信します。localデーモンをLinux上でコンパイルした場合は、配信するディレクトリは/var/mailとなります。設定ファイルmain.cfの記述によりディレクトリを変更することもできます。

したがって選択肢Aと選択肢Cが正解です。

《答え》 A、C

問題 5-45

重要度《★★★》 □□□

MTAが転送することができなかったメールのキューを見るにはどうすればよいですか？2つ選択してください。

A. GUIベースのMUAの「ごみ箱」の中を表示する
B. procmailコマンドを実行する
C. mailqコマンドを実行する
D. メールキューのディレクトリの下のファイルをlsコマンドで表示する

《解説》 転送先メールサーバの不具合やネットワークの不具合などでメールを転送できなかった場合、MTAはキューにそのメールを置き、一定間隔で再送を試みます。再送間隔は、SendmailおよびEximの場合は起動時に-qオプションで指定します。

Exim の場合の実行例

```
# /usr/sbin/exim -bd -q1h
```

上記の例ではオプション「-q1h」により1時間間隔（1 hour）で再送を試みます。「-bd」（Become Daemonの意）はデーモンモードの指定です。オプション「-bd -q1h」はsendmailのオプション指定の場合と同じです。
Postfixの場合は、再送間隔はmain.cfの中で、パラメータqueue_run_delay（デフォルト値：300秒）、minimal_backoff_time（デフォルト値：300秒）、maximal_backoff_time（デフォルト値：4000秒）で指定します。qmgrデーモンがqueue_run_delayの間隔でキューをチェックし、1回目の再送はminimal_backoff_timeの間隔で行い、間隔がmaximal_backoff_timeになるまで、2回目、3回目……と2倍ずつしながら再送を試みます。MTAが転送することができなかったメールのキューを見るには、Sendmail、Exim、Postfixのいずれの場合もmailqコマンドの実行により表示できます。また、キューのディレクトリをlsコマンドで表示することでも確認できます。

実行例

```
# mailq
-Queue ID- --Size-- ----Arrival Time---- -Sender/Recipient-------
CDEF13027B32E      256 Fri Jul 17 23:33:10  yuko@kwd-corp.com
            (connect to mail.mylpic.com[202.61.27.202]:25: No route to host)
                                             mana@mylpic.com
-- 0 Kbytes in 1 Request
```

上記の例では、転送することができなかったメールがキューに1つ残っています。

参考

転送することができなかったメールを置くキューディレクトリのデフォルトは以下のとおりです。

主な MTA のキューディレクトリ

MTAの名前	デフォルトのキューディレクトリ
Sendmail	/var/spool/mqueue
Exim	/var/spool/exim/input
Postfix	/var/spool/postfix/deferred

《答え》C、D

問題 5-46

重要度《★★★》

Sendmail、Postfix、Eximにおいて、メールアドレスの別名を設定するファイルはどれですか？ 1つ選択してください。

A. /etc/mail
B. /etc/aliases
C. /etc/mail.conf
D. /etc/mail-aliases.conf

《解説》 メールアドレスの別名は/etc/aliasesファイルに記述します。
なおこのファイル名はaliasesと複数形になっているので特に記述問題の時は注意してください。

書式 別名: 転送先アドレス1, 転送先アドレス2, 転送先アドレス3, ...

/etc/aliases の抜粋

```
postmaster:     root
```

上記により、postmaster（郵便局長）宛のメールはrootユーザに転送されます。

《答え》 B

問題 5-47

重要度《★★★》

メールサーバを運用しています。メールアカウントは追加しないで、エイリアスのみの変更を行いました。これを有効にするコマンドを記述してください。

《解説》 SendmailおよびPostfixは、エイリアスファイル（デフォルトは/etc/aliases）とエイリアスデータベースファイル（デフォルトは/etc/aliases.db）を参照します。エイリアスデータベースファイルがあればこちらを参照し、エイリアスファイルは参照されません。エイリアスデータベースファイルがなければエイリアスファイルが参照されます。
エイリアスファイルはSendmailおよびPostfixの起動時にのみ読み込まれますが、エイリアスデータベースファイルは稼働時に更新してもそのまますぐに反映されます。エイリアスファイルを編集した場合は、newaliasesコマンドを実行してエイリアスデータベースファイルを更新します。コマンド名がnewaliasesと複数形になっているので記述の時は注意してください。

なお、Eximの場合は/etc/aliasesファイルだけを参照し、/etc/aliases.dbは参照しません。Eximの場合、newaliasesコマンドはSendmailとの互換性だけのために提供されています。

構文 **`newaliases`**

newaliasesコマンドはオプション、引数を取りません。

《答え》 newaliases

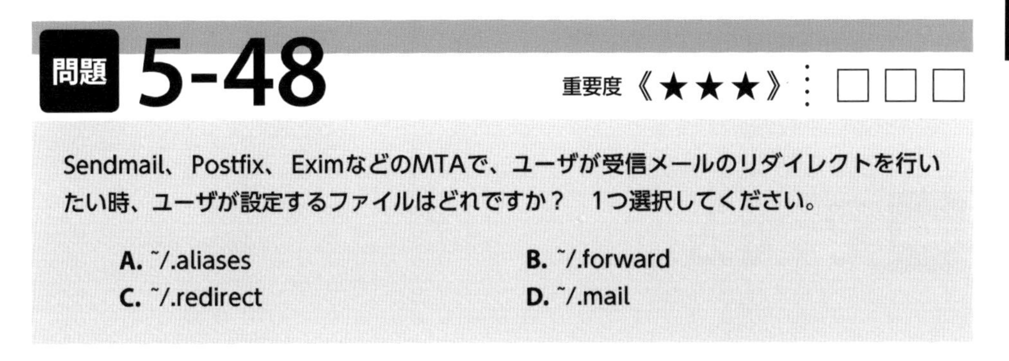

問題 5-48

重要度《★★★》 □□□

Sendmail、Postfix、EximなどのMTAで、ユーザが受信メールのリダイレクトを行いたい時、ユーザが設定するファイルはどれですか？　1つ選択してください。

A. ~/.aliases
B. ~/.forward
C. ~/.redirect
D. ~/.mail

《解説》 ユーザが受信したメールを転送したい場合は、自分のホームディレクトリの下に.forwardファイルを作成して、転送先メールアドレスを記述します。

~/.forward の例

```
mana@gmail.com
mana@yahoo.co.jp
```

自分宛のメールをmana@gmail.comとmana@yahoo.co.jpに転送します。

《答え》 B

6章 セキュリティ

本章のポイント

❖権限取得のセキュリティ

ログインしたままで別の実効ユーザIDを持つシェルを起動したり、別の実効ユーザIDで特定のコマンドを実行するなど、他のユーザ権限を取得する方法について理解します。

重要キーワード

ファイル：etc/sudoers
コマンド：su、sudo

❖inetd/xinetdとTCP Wrapper

ネットワークからのリクエストを受け付けて、対応するサーバプロセスを起動する、インターネットデーモンと呼ばれるinetdおよびinetdの機能を拡張したxinetdの仕組みと設定について理解します。
また、インターネットデーモンと連携して動作し、サーバのアクセス制御をするTCP Wrapperの設定について理解します。

重要キーワード

ファイル：/etc/xinetd.conf、/etc/inetd.conf、/etc/xinetd.d、/etc/services、/etc/hosts/allow、/etc/hosts.deny
コマンド：xinetd、inetd、tcpd

❖SSHの暗号化と認証

SSH(Secure Shell)はリモートホストへのログイン、リモートホストでのコマンドの実行、リモートホストとの間でのファイル転送で使う通信路を公開鍵暗号により暗号化します。またユーザ認証においてもセキュリティの高い公開鍵による認証を利用できます。このSSHの設定方法と秘密鍵・公開鍵の管理について理解します。

重要キーワード

ファイル：/etc/ssh/sshd_config、/etc/ssh/ssh_config、~/.ssh/known_hosts、~/.ssh/config、~/.ssh/authorized_keys、id_rsa、id_rsa.pub、id_dsa、id_dsa.pub
コマンド：ssh、scp、sshd、ssh-agent、ssh-keygen
そ の 他：公開鍵/秘密鍵、公開鍵暗号、公開鍵認証、X11ポート転送

❖GPGの暗号化

OpenPGPのGNUによる実装であるGPG(GNU Privacy Guard)は暗号化と署名を行うツールです。GPGによる秘密鍵・公開鍵の生成、キー・リングによる鍵の管理、公開鍵暗号による暗号化と復号化の方法について理解します。

重要キーワード

ファイル：~/.gnupg、~/.gnupg/pubring.gpg
コマンド：gpg
そ の 他：キー・リング

問題 6-1

重要度《★★☆》

ログアウトすることなく、別のユーザIDとグループIDを持つ新たなシェルを起動するコマンドはどれですか？　1つ選択してください。

A. su　　**B.** ssh
C. login　　**D.** logout

《解説》 suコマンドは別の実効ユーザIDと実効グループIDを持つ新たなシェルを起動します。

構文 **su ［オプション］［-］ユーザ名**

ユーザ名を省略すると、rootユーザになります。
ユーザ名の前に、「-」を使用しないとユーザIDだけが変わり、ログイン環境は前ユーザのままです。「-」を使用すると、ユーザIDが変わるとともに新しいユーザの環境を使用します。

suコマンドによる新規シェルの生成

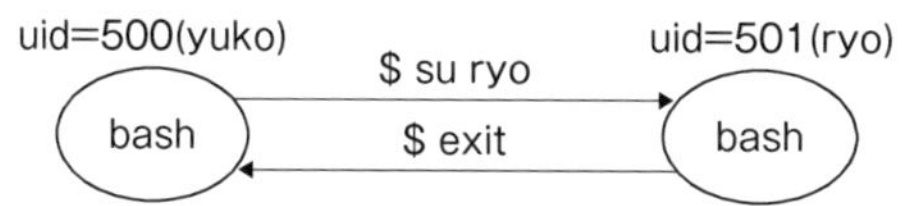

現在の実効ユーザIDと実効グループIDはidコマンドで表示できます。
次の例では、実行環境はユーザyukoのままで、実効ユーザIDと実効グループIDがユーザryoのシェルを起動します。ユーザ名の前に-（ハイフン）を指定しない場合の例です。

実行例

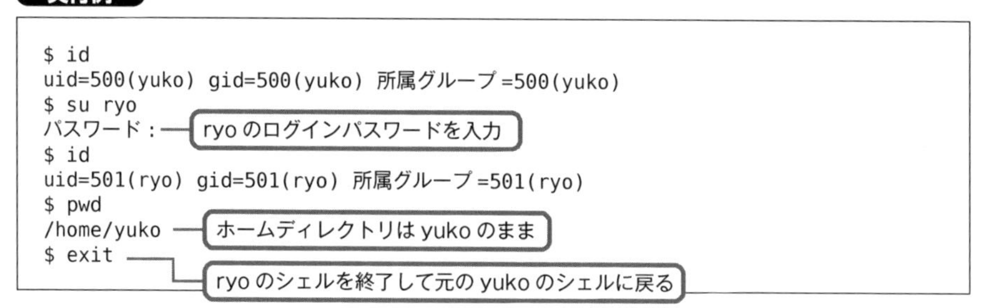

```
$ id
uid=500(yuko) gid=500(yuko) 所属グループ=500(yuko)
$ su ryo
パスワード：―― ryoのログインパスワードを入力
$ id
uid=501(ryo) gid=501(ryo) 所属グループ=501(ryo)
$ pwd
/home/yuko ―― ホームディレクトリはyukoのまま
$ exit ―― ryoのシェルを終了して元のyukoのシェルに戻る
```

次の例はユーザ名の前に-（ハイフン）を指定した場合の例です。
実効ユーザIDと実効グループIDがユーザryoのシェルを起動します。実行環境もryoのものになります。

実行例

```
$ id
uid=500(yuko) gid=500(yuko) 所属グループ=500(yuko)
$ su - ryo  ―――― su コマンドの引数に - を付ける
$ id
uid=501(ryo) gid=501(ryo) 所属グループ=501(ryo)
$ pwd
/home/ryo  ―――― ryo のホームディレクトリに移動している
```

《答え》A

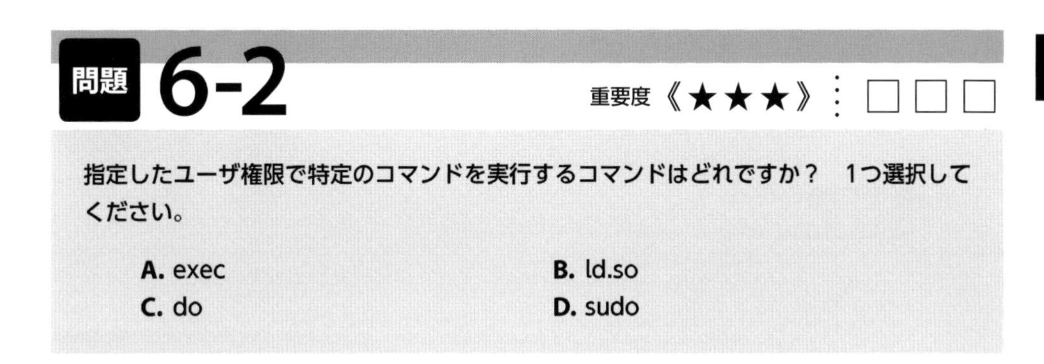

問題 6-2

重要度《★★★》 □□□

指定したユーザ権限で特定のコマンドを実行するコマンドはどれですか？　1つ選択してください。

A. exec　　**B.** ld.so
C. do　　**D.** sudo

《解説》sudoコマンドは指定したユーザ権限で特定のコマンドを実行します。
sudoコマンドは/etc/sudoersファイルを参照して、ユーザがコマンドの実行権限を持っているかどうかを判定します。
/etc/sudoersファイルについては問題6-3の解説を参照してください。

構文 **sudo ［オプション］ ［-u ユーザ名］ コマンド**
ユーザ名を省略すると、rootユーザになります。
以下は、ユーザyukoがsudoの実行権限を持っている例です。/etc/shadowファイルはrootユーザのみ参照する権限が与えられているため、一般ユーザであるyukoは本来は参照できません。しかし、sudoコマンドを使用しrootユーザの権限でheadコマンドを実行し、/etc/shadowファイルを参照しています。

実行例

```
$ sudo head -1 /etc/shadow
[sudo] password for yuko:
root:$6$nXl2ZnFCOCpgWqdn$9.ASSWvMfXMfxpBYaSl5GggnPiwGwGOIfcRoz5Y9MTPv0
WeHBLs5zE3Ze7GKigFWDsdmALXC2PW9qkTu6p95T/:15179:0:99999:7:::
```

次の例は、ユーザyukoがsudoの実行権限を持っていない例です。yukoはroot権限でのheadコマンドの実行はできません。

実行例

```
$ sudo head -1 /etc/shadow
.....（途中省略）.....
[sudo] password for yuko:
yuko is not in the sudoers file.  This incident will be reported.
```

《答え》 D

重要度《★★★》 □□□

あるユーザがroot権限でアプリケーションを実行できるかどうかを判断する時、sudoが読み込む設定ファイルは何ですか？　1つ選択してください。

A. /etc/sudoers　　**B.** /etc/sudo.conf
C. /etc/passwd

《解説》 sudoコマンドは/etc/sudoersファイルを参照して、ユーザがコマンドの実行権限を持っているかどうかを判定します。

書式 ユーザ名　　ホスト名=(実効ユーザ名)　コマンド
%グループ名　ホスト名=(実効ユーザ名)　コマンド

例

```
mana   examhost=(root)   /bin/mount,/bin/umount ―①
%wheel   ALL=(ALL)  ALL ―②
```

①ユーザmanaはホストexamhost上で、root権限でmountコマンドとumountコマンドを実行できます。

②wheelグループに属するユーザは、すべてのホスト上で、すべてのユーザの権限で、すべてのコマンドを実行できます。

次の例では、ユーザyukoがsudoコマンドにより、すべてのホスト上で、すべてのユーザの権限で、すべてのコマンドを実行できる設定をします。

実行例

```
# vi /etc/sudoers
%wheel ALL=(ALL)       ALL ―wheel グループに権限を付与する
# vi /etc/group
wheel:x:10:root,yuko ―yuko を wheel グループに追加する
```

《答え》 A

問題 6-4

重要度《★★★》

inetdからxinetdを使用するように変更しました。/etc/inetd.confに代わるxinetdの設定ファイル名を絶対パスで記述してください。

《解説》 inetdおよびxinetdはネットワークからのリクエストの受付をするデーモンです。リクエストに応じて対応するサーバ(デーモン)を起動します。

inetd(Internet daemon)は4.3BSDから採用され、Linuxでも広く使われてきました。xinetd(extended Internet daemon)はinetdの後継のデーモンで、セキュリティ機能が強化されています。最近の主なLinuxディストリビューションではinetdに代わりxinetdが採用されています。

inetdの設定ファイルは/etc/inetd.conf、xinetdの設定ファイルは/etc/xinetd.confです。

inetd/xinetdの概要

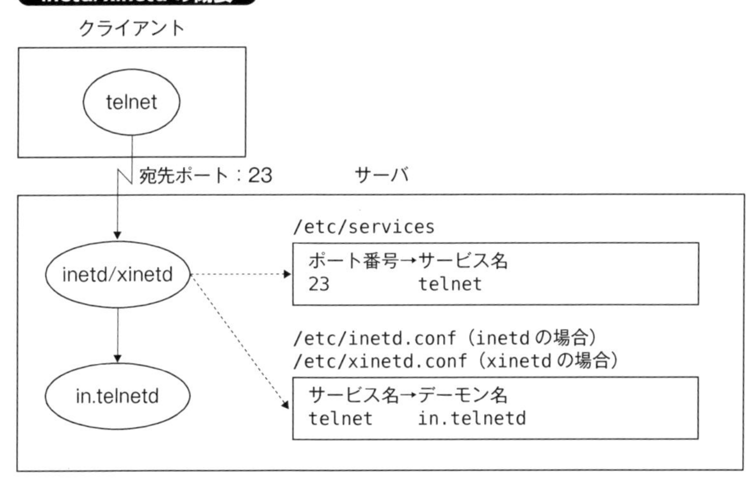

上記の例はtelnetの例です。

サーバ側では、telnetのリクエストが来るまではtelnetdデーモンは稼働していません。クライアントからリクエストが来るとinetd/xinetdによってtelnetdデーモンが起動します。

inetdはリクエストされたポート番号を/etc/servicesを基にサービス名に変換し、/etc/inetd.conf(あるいは/etc/xinetd.conf)を参照して該当するサービスのデーモンを起動します。

《答え》 /etc/xinetd.conf

問題 6-5

重要度《★☆☆》

inetd.confに設定する記述で正しいのはどれですか？　1つ選択してください。

A. in.ftpd: LOCAL
B. ftp stream tcp nowait root /usr/sbin/in.ftpd in.ftpd
C. ipv6-icmp　58　IPv6-ICMP
D. time　37/tcp　timserver

《解説》 inetd.conf内では、 1つのサービスごとに1行で定義します。 1行は空白文字で区切られた以下の7つのフィールドから構成されます。
inetd.confのフィールド名とtelnetサービスを登録するときの記述例は次のようになります。

書式と記述例

フィールド名	記述例
サービス名	telnet
ソケットタイプ	stream
プロトコル	tcp
ウェイト状態	nowait
ユーザ名	root
デーモンのパス名	/usr/snin/in.telnetd
デーモン名と引数	in.telnetd

選択肢Bはftpの登録例なので正解です。

《答え》 B

問題 6-6

重要度《★★★》

inetdからxinetdを使用するようにインターネットデーモンを変更しました。システム再起動後、各サービスを有効にするために必要なことは何ですか？　1つ選択してください。

A. xinetdにSIGHUPシグナルを送る
B. xinetdのサービス設定を行い、SIGHUPシグナルを送る
C. inetdとxinetdは互換があるので特に何もしなくてよい
D. inetd.confからxinetd.confにシンボリックリンクを設定する

《解説》 inetdとxinetdでは設定ファイルもその書式も異なります。サービスを有効にするには、各サービスごとの設定ファイルを編集した後、 xinetdにSIGHUPシグナルを送るなどして、再読み込みさせます。

xinetd 設定ファイルの概要

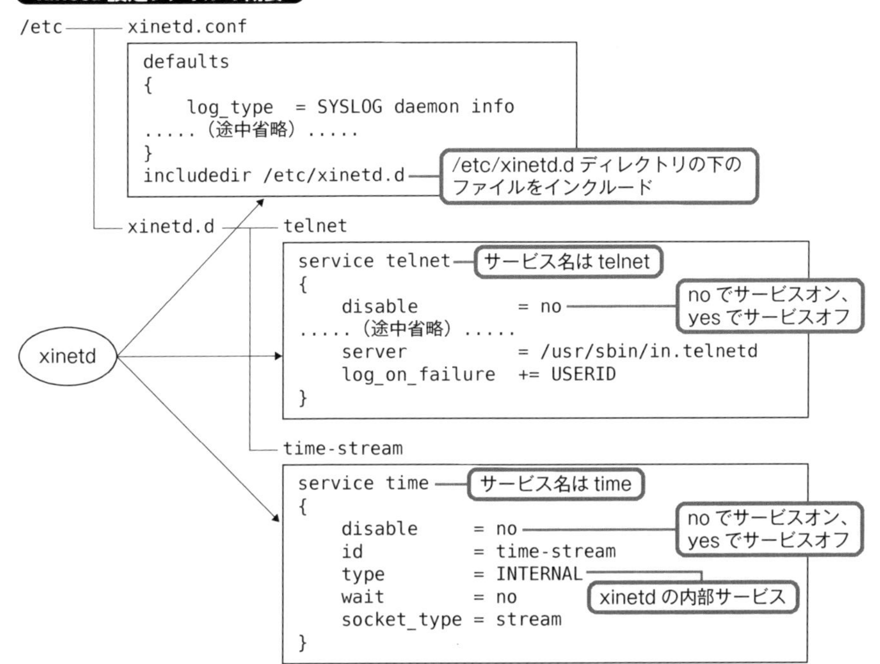

《答え》 B

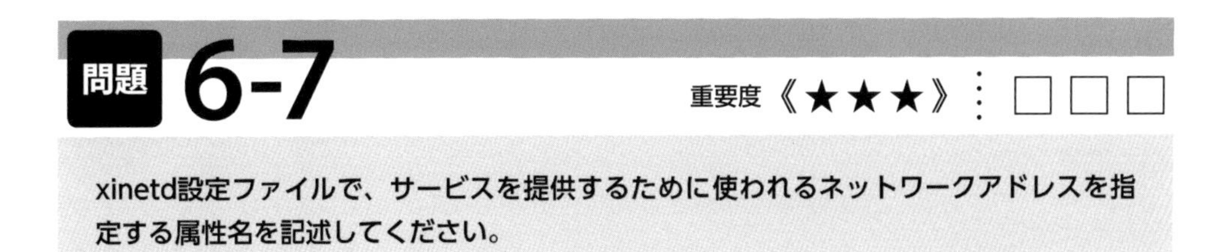

問題 6-7

重要度《★★★》 □□□

xinetd設定ファイルで、サービスを提供するために使われるネットワークアドレスを指定する属性名を記述してください。

《解説》 問題6-6で解説したdisable、server、typeなどの属性以外にも多くの属性があります。ホストやネットワークからのアクセス制御をするにはonly_from属性を指定します。以下はtimeサービスにアクセスできるホストを172.16.0.1に限定する例です。

/etc/xinetd.d/time-stream の例

```
service time
{
    disable       = no
    id            = time-stream
    type          = INTERNAL
    wait          = no
    socket_type   = stream
    only_from     = 172.16.0.1 ── このホストからのリクエストだけを受け付ける
```

only_fromには、ホストのIPアドレス、ネットワークアドレス、ホスト名、ネットワーク名を記述できます。

《答え》 only_from

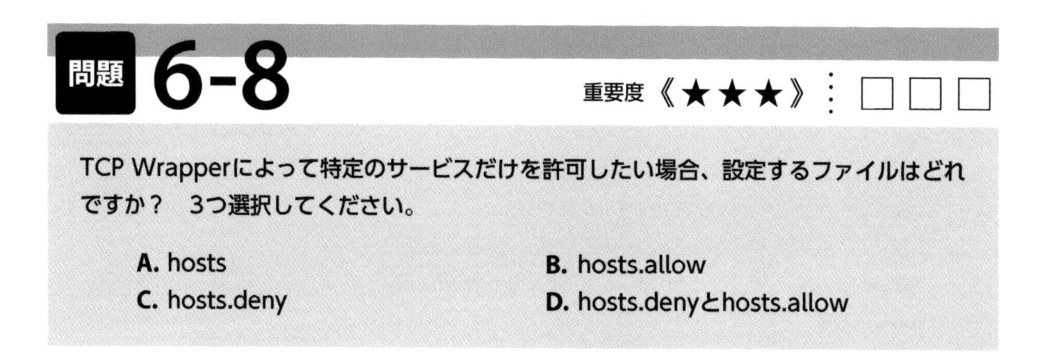

問題 6-8

重要度《★★★》 □□□

TCP Wrapperによって特定のサービスだけを許可したい場合、設定するファイルはどれですか？　3つ選択してください。

A. hosts
B. hosts.allow
C. hosts.deny
D. hosts.denyとhosts.allow

《解説》 TCP Wrapperは各サービスのサーバを包んで（Wrap）、外部から守るデーモンです。TCP Wrapperはリクエストを許可するか拒否するかのアクセス制御の機能を持っています。

/etc/hosts.allowと/etc/hosts.denyを読み、その設定によってサーバプロセスを起動するか否かを決定します。この2つのファイルはサービスの実行中に変更しても内容は反映されます。

TCP Wrapperにはinetdから起動される開発当初からのtcpdデーモンと、シェアードライブラリとして提供され現在広く使われているlibwrapがあり、xinetdはこのlibwrapをリンクしています。

tcpdを利用する場合はinetd経由で起動されるサーバに対するアクセス制御だけができます。libwrapはシェアードライブラリなのでxinetd経由で起動されるサーバだけでなく、libwrapをリンクしたサーバで利用できます。

TCP Wrapper の概要

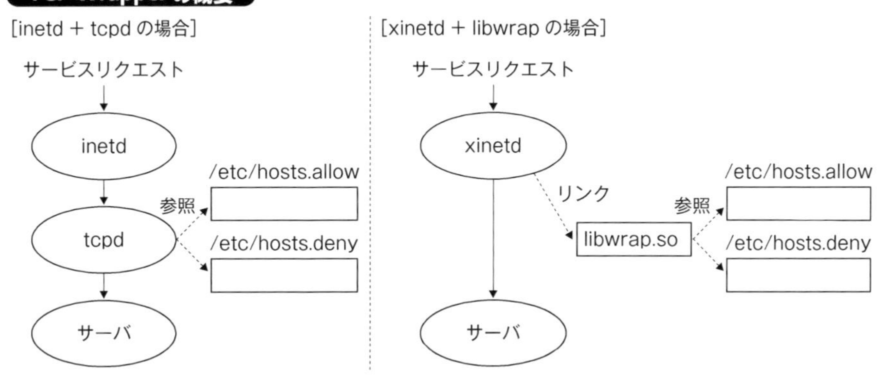

inetdとtcpdを組み合わせる場合は、/etc/inetd.confの中の第6フィールド「デーモンのパス名」で「/usr/sbin/tcpd」の指定をするので、エントリは次のようになります。inetd.confの書式については、問題6-5の解説のとおりです。

/etc/inetd.conf の例

```
telnet stream tcp nowait root /usr/sbin/tcpd in.telnetd
```

/etc/hosts.allowと/etc/hosts.denyを使用したアクセス制御は以下のとおりです。

●/etc/hosts.allowに記述されたホストを許可する
●/etc/hosts.denyに記述されたホストを拒否する
●どちらにも記述されていないホストを許可する

この問題で問われているように特定のサービスだけを許可したい場合は次のようにします。

●許可したいサービスを/etc/hosts.allowに記述する
●それ以外のサービスは/etc/hosts.denyに記述して拒否する

/etc/hosts.allowと/etc/hosts.denyのファイルの書式は次のようになります。

書式 **デーモンのリスト ： クライアントのリスト**

次の例ではtelnetサービスだけを許可しています。

設定例

```
$ cat /etc/hosts.allow
in.telnetd : ALL ―①
$ cat /etc/hosts.deny
ALL : ALL ―②
```

デーモンリストとクライアントリストでは「ALL」というワイルドカードが使えます。「ALL」はすべてに一致します。

①すべてのクライアントからのtelnetサービスリクエストを許可します。
②すべてのクライアントからのすべてのサービスリクエストを拒否します（/etc/hosts.allowで許可されたサービス以外）。

参考

/etc/hosts.allowあるいは/etc/hosts.denyに次のように設定することもできます。

/etc/hosts.allow の設定例

```
in.telnetd: ALL
```

/etc/hosts.deny の設定例

```
ALL: ALL
```

《答え》 B、C、D

問題 6-9

重要度《★★☆》

TCP Wrapperによるアクセス制御でアクセスの拒否を設定するファイルは何ですか？ 1つ選択してください。

A. /etc/services
B. /etc/hosts.allow
C. /etc/tcpwrapper.conf
D. /etc/hosts.deny
E. /etc/inetd.conf

《解説》 問題6-8の解説のとおり、TCP Wrapperでのアクセスの拒否は/etc/hosts.denyで設定します。

《答え》 D

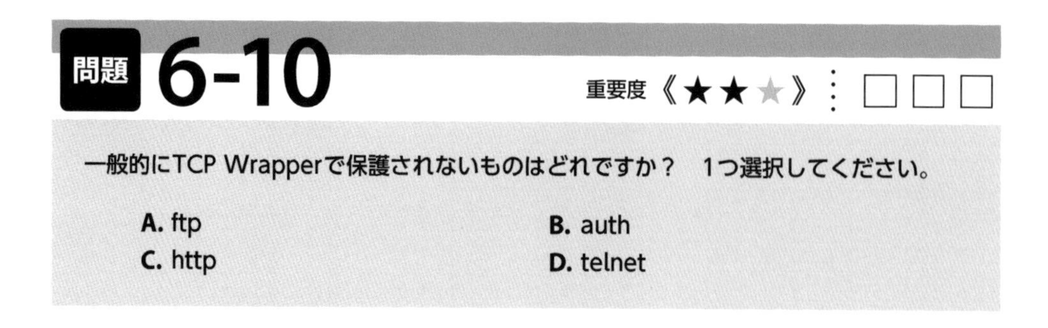

問題 6-10

重要度《★★☆》

一般的にTCP Wrapperで保護されないものはどれですか？　1つ選択してください。

A. ftp
B. auth
C. http
D. telnet

《解説》 tcpdによるTCP Wrapperで保護されるのは、inetdから起動されるサービスです。libwrapによるTCP Wrapperで保護されるのは、xinetdから起動されるサービスとlibwrapを利用したサーバが提供するサービスです。

Linuxで広く採用されているApache Webサーバはinetdやxinetd経由ではなく、initから直接起動されるスタンドアロンのサーバです。libwrapを使用せず独自のアクセス制御機構を持ち、設定ファイルhttpd.confに「Allow from」ディレクティブや「Deny from」ディレクティブで記述します。したがって選択肢Cのhttpサービスは TCP Wrapperによる保護はありません。

参考

サーバがlibwrapをリンクしているかどうかはlddコマンドで調べることができます。

実行例

```
$ ldd /usr/sbin/vsftpd | grep libwrap
        libwrap.so.0 => /lib/libwrap.so.0 (0x00c74000)
```

FTPサーバvsftpdはlibwrap.so.0をリンクしているのでTCP Wrapperを利用していることがわかります。

《答え》 C

問題 6-11

重要度《★★★》 □□□

xinetdを採用したサーバでtelnetの利用を禁止するためには何を行えばよいですか？適切なものを3つ選択してください。

A. /etc/xinetd.d/telnetファイルを削除する
B. /etc/xinetd.d/telnetファイルに「disable = no」と記述する
C. /etc/xinetd.d/telnetファイルに「disable = yes」と記述する
D. /etc/hosts.allowファイルに「in.telnetd:ALL」、/etc/hosts.denyファイルに「ALL:ALL」と記述する
E. /etc/hosts.denyファイルに「in.telnetd:ALL」と記述する

《解説》 xinetdの設定で禁止する選択肢AとC、TCP Wrapperの設定で禁止する選択肢Eが正解です。このいずれかの設定でtelnetを禁止できます。

選択肢Aの設定は今後telnetサービスを提供しない場合に行います。

選択肢Cは状況によって一時的に利用を禁止できます。また、「disable = no」に変更することにより、telnetサービスを再開できます。

選択肢Eは、クライアントリストの設定によってはよりきめ細かなアクセス制御ができます。またサービス稼働中でも変更は反映されます。

《答え》 A、C、E

問題 6-12

重要度《★★★》

公開鍵暗号と公開鍵認証についての説明で正しいものはどれですか？　3つ選択してください。

A. 公開鍵暗号で使われる秘密鍵と公開鍵はそれぞれ別々に作成する
B. 公開鍵暗号で使われる公開鍵は秘密鍵から算出される
C. 公開鍵暗号では公開鍵で暗号化し、秘密鍵で復号化する
D. 公開鍵暗号では秘密鍵で暗号化し、公開鍵で復号化する
E. 公開鍵認証では公開鍵で認証データを作成し、秘密鍵で検証する
F. 公開鍵認証では秘密鍵で認証データを作成し、公開鍵で検証する

《解説》 共通鍵暗号は秘密鍵暗号方式、あるいは対称型暗号方式とも呼ばれ、暗号化と復号化に同一のキーを用いる方式です。

公開鍵暗号は非対称型暗号方式とも呼ばれ、暗号化と復号化の鍵が異なる方式です。秘密鍵を乱数で生成し、公開鍵は秘密鍵から、大きな2つの素数の積や離散対数により算出されます。秘密鍵から公開鍵が計算されますが、その逆の演算である公開鍵から秘密鍵の計算は実質不可能です。その特性を利用したものが公開鍵暗号です。

データ送信側は受信側から事前に取得してある公開鍵でデータを暗号化して受信側に送り、受信側では自分の秘密鍵でデータを復号化します。

公開鍵認証では、被認証側が自分の秘密鍵で認証データを作成して認証側に送り、認証側では被認証側の公開鍵で認証データを検証します。

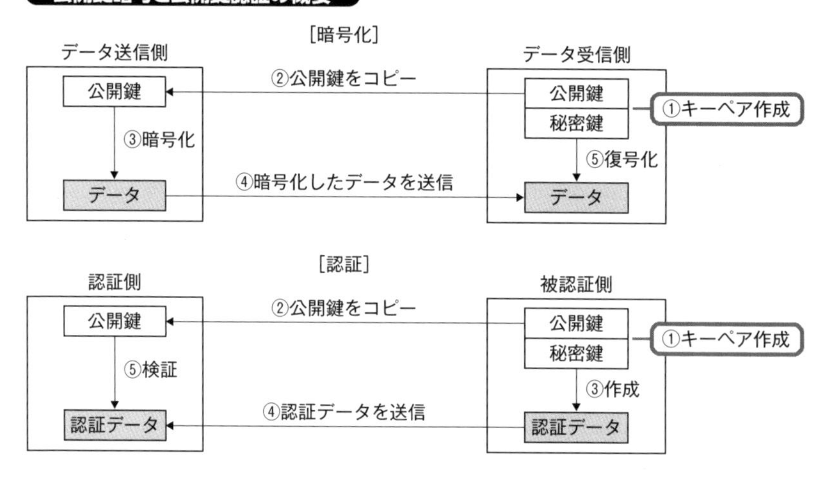

《答え》 B、C、F

問題 6-13

重要度《★★☆》

ホストexamhostにログインするネットワークコマンドのうち、通信路を暗号化するものはどれですか？　1つ選択してください。

A. telnet examhost　　**B.** rlogin examhost
C. ftp examhost　　**D.** ssh examhost

《解説》 sshコマンドはリモートホストにログインしたり、リモートホスト上でコマンドを実行します。またscpコマンドはリモートホストとの間でファイル転送を行います。
sshとscpは、平文で通信するrlogin、rsh、rcpに代わるもので、パスワードを含むすべての通信を公開鍵暗号により暗号化します。
ssh、scpはSSH（Secure Shell）のフリーな実装であるOpenSSHのクライアントコマンドであり、サーバはsshdです。OpenSSHはOpenBSDプロジェクトによって開発されています。

実行例

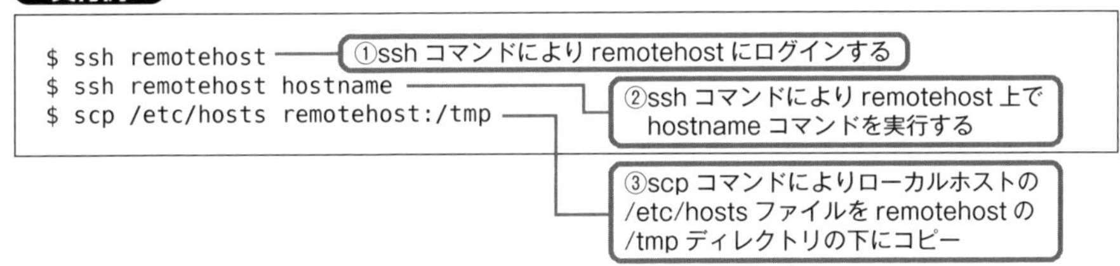

$ ssh remotehost
$ ssh remotehost hostname
$ scp /etc/hosts remotehost:/tmp
①ssh コマンドにより remotehost にログインする
②ssh コマンドにより remotehost 上で hostname コマンドを実行する
③scp コマンドによりローカルホストの /etc/hosts ファイルを remotehost の /tmp ディレクトリの下にコピー

実行例の概要

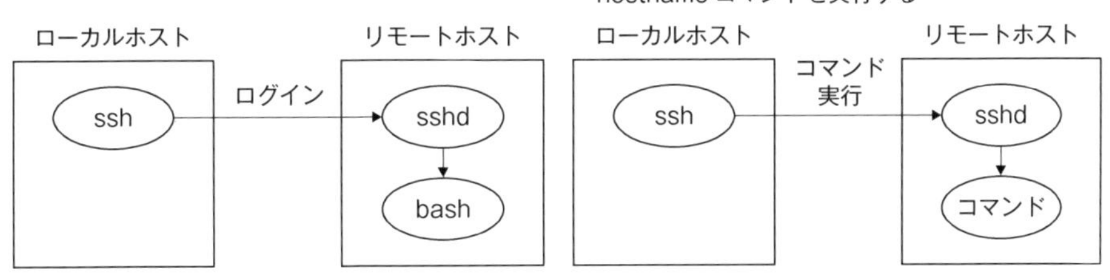

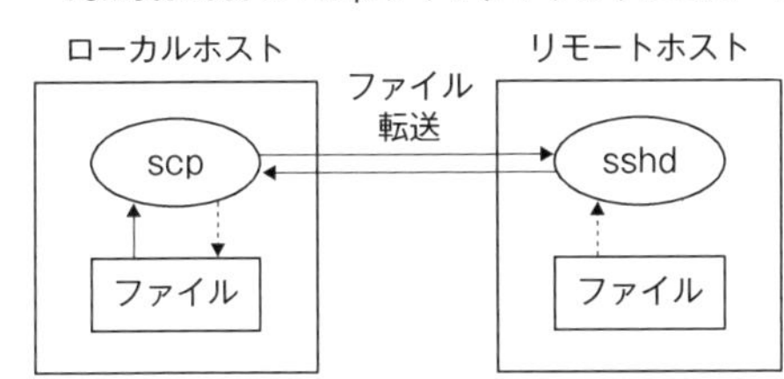

LinuxにおけるOpenSSHの暗号化とユーザ認証の設定は次のようになっています。

●暗号化の設定

Linuxをインストールするとインストール後の最初のブート時にssh-keygenコマンド（問題6-23にて解説）の実行によってホスト用の秘密鍵と公開鍵のキーペアが生成されます。

sshのデフォルトの設定ではこのキーペアが使用されるので、ユーザは特に設定を行わなくともsshを利用することができます。

OpenSSH のホスト用の鍵

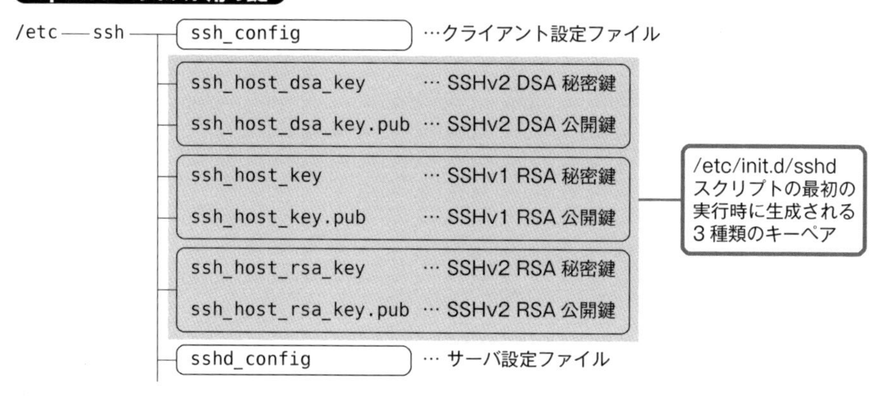

●ユーザ認証の設定

OpenSSHの主な認証方式には次のものがあります。

・ホストベース認証

・公開鍵認証

・パスワード認証

クライアントがリクエストする優先順位に従い、サーバ側で提供される認証方式が順番に試みられて、どれか1つの認証が成功した時点でログインできます。クライアントのデフォルトの優先順位は、「ホストベース認証→公開鍵認証→パスワード認証」です。

ホストベース認証はインストール時に生成されたホスト用の秘密鍵と公開鍵のキーペアを使用する公開鍵認証です（ホストベース認証の設定はLPIC 102試験の試験範囲外なので説明を割愛します。公開鍵認証の設定は問題6-23と問題6-24で解説します）。

ホストベース認証も公開鍵認証も、問題6-12の解説のとおり、クライアント（被認証側）の公開鍵をサーバ（認証側）にコピーするなどの設定が必要です。したがって、インストール時のデフォルトの設定ではパスワード認証のみが使用できます。

《答え》D

問題 6-14

重要度《★★★》

sshのknown_hostsファイルには何が格納されていますか？　1つ選択してください。

A. サーバのホスト名、IPアドレス、公開鍵
B. クライアントのホスト名、IPアドレス、公開鍵
C. サーバに登録されたユーザ名とパスワード
D. クライアントに登録されたユーザ名とパスワード

《解説》 sshクライアントの~/.ssh/known_hostsファイルにはsshサーバのホスト名、IPアドレス、公開鍵が格納されます。認証は次のようにして行われます。

sshコマンドで初めてサーバに接続する時、サーバから送られてきた公開鍵のフィンガープリント(fingerprint：指紋)の値が表示され、それを認めるかどうかの確認のメッセージが以下のように表示されます。公開鍵のフィンガープリントは公開鍵の値をハッシュ関数で計算したものです。データ長が公開鍵より小さいのでこのようにユーザの目視による確認のような場合に利用されます。

実行例

```
クライアント$ ssh [sshサーバ]
RSA key fingerprint is dd:24:75:9c:d2:84:d9:d1:8b:04:c3:2f:02:1c:33:d0.
Are you sure you want to continue connecting (yes/no)?
```

フィンガープリント
yesと入力

yesと答えると、サーバが正当であると認めたことになり、サーバのホスト名、IPアドレス、公開鍵がknown_hostsファイルに格納されます。DNSにより名前解決された場合はホスト名とIPアドレスと公開鍵、それ以外はホスト名かIPアドレスのどちらかと公開鍵が格納されます。

一度known_hostsにサーバの情報が書き込まれると、それ以降は格納されている公開鍵により自動的にサーバを認証し、上記の確認メッセージは表示されることなくサーバに接続します。

参考

ssh-keygenコマンドに-lオプションを付けて実行することにより公開鍵のフィンガープリントを計算できます。
以下はid_dsa.pub.sampleファイルに格納されたDSA公開鍵のフィンガープリントを表示する例です。

実行例

```
$ cat id_dsa.pub.sample
ssh-dss AAAAB3NzaC1kc3MAAACBAJa57tIaxrVZKCPGUv5VMKyepWO2SAnxnQBLifU4AJ1yPPEstacAWYiY
.....（途中省略）.....
46z2iAmbpDucu6IYE3ry3ZkqFUlTUM66Jd+8LSqaGx0iDwIBTGyOHr5PyFuDLSBifc5XkZ+lR1+a7qJNUnHKw
== yuko@examhost.mylpic.com
$ ssh-keygen -lf id_dsa.pub.sample
1024 d8:ff:00:ef:94:1a:59:22:15:b3:04:00:ec:5d:69:f3 id_dsa.pub.sample (DSA)
```

公開鍵の値を表示

公開鍵のフィンガープリントを表示。
-fオプションでファイルを指定

上記の「d8:ff:00:ef:94:1a:59:22:15:b3:04:00:ec:5d:69:f3」がフィンガープリントの値です。

《答え》 A

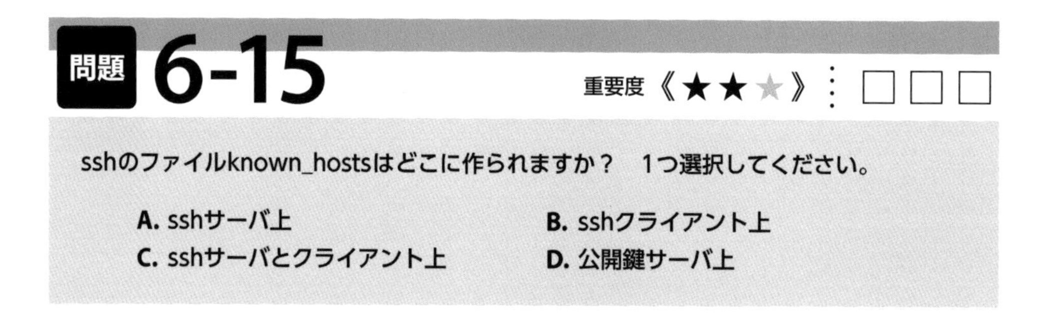

問題 6-15

重要度《★★☆》

sshのファイルknown_hostsはどこに作られますか？　1つ選択してください。

A. sshサーバ上　　**B.** sshクライアント上

C. sshサーバとクライアント上　　**D.** 公開鍵サーバ上

《解説》 問題6-14の解説のとおり、sshクライアント上に作られます。

《答え》 B

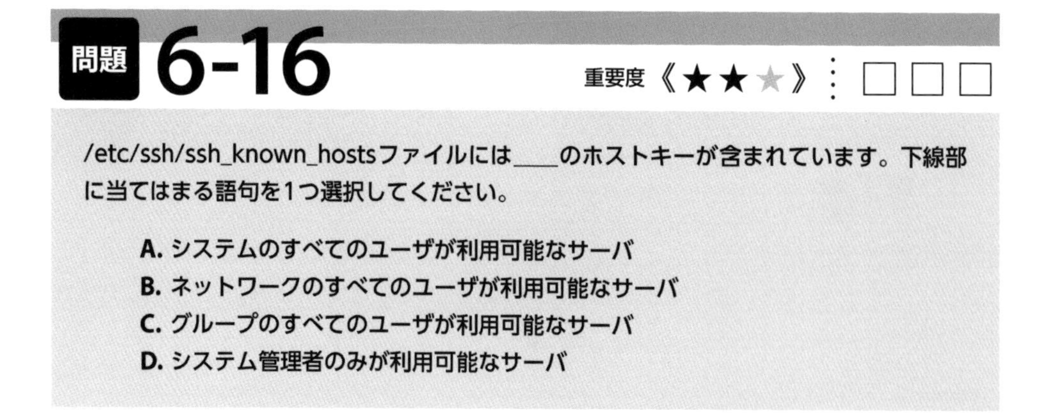

問題 6-16

重要度《★★☆》

/etc/ssh/ssh_known_hostsファイルには____のホストキーが含まれています。下線部に当てはまる語句を1つ選択してください。

A. システムのすべてのユーザが利用可能なサーバ

B. ネットワークのすべてのユーザが利用可能なサーバ

C. グループのすべてのユーザが利用可能なサーバ

D. システム管理者のみが利用可能なサーバ

《解説》 /etc/sshディレクトリは、sshサーバとsshクライアントがともに使用するディレクトリです。sshクライアントが参照するこのディレクトリの下のssh_known_hostsファイルにはローカルシステムの全ユーザが利用するsshサーバの公開鍵を格納します。したがって、そのsshサーバはローカルシステムの全ユーザにとって正当と認めるサーバになります。

Linuxディストリビューションにより、ssh_known_hostsファイルのパスは/etc/ssh_known_hostsあるいは/etc/ssh/ssh_known_hostsとなります。

参考

/etc/ssh/ssh_known_hostsあるいは~/.ssh/known_hostsファイルは上記のようにサーバの公開鍵を格納し、クライアントホスト上に置いてクライアントがサーバを認証するためのファイルですが、クライアントがパスフレーズの入力なしにサーバにログインするホストベース認証の場合には、クライアントの公開鍵を格納し、サーバホスト上に置いてサーバがクライアントからのアクセスを許可する際にも使用されます。

《答え》 A

問題 6-17

重要度《★★☆》 □□□

/etc/ssh_known_hostsのパーミッションはどれが適切ですか？　1つ選択してください。

A. rootのみがreadできる
B. rootのみがreadとwriteできる
C. すべてのユーザがreadできる
D. すべてのユーザがwriteできる

《解説》 /etc/ssh_known_hostsファイルはすべてのユーザが実行したsshコマンドが参照するファイルなので、すべてのユーザがreadできるパーミッションになっていなければなりません。またシステムファイルなので一般ユーザが書き込みできる設定であってはなりません。

《答え》 C

問題 6-18

重要度《★★★》 □□□

rootがsshでログインできないようにするために、sshサーバの設定ファイルのディレクティブの記述で正しいものはどれですか？　1つ選択してください。

A. PermitRootLogin yes
B. PermitRootLogin no
C. RootLogin yes
D. NoPermitRootLogin yes

《解説》sshサーバの設定ファイルは/etc/ssh/sshd_configファイルです。
rootのログインの許可、拒否はPermitRootLoginの値で設定します。「yes」は許可、「no」は拒否となります。
セキュリティ強化のためにrootでの直接のログインを禁止するには「no」に設定します。
sshd_configの主なディレクティブは次のとおりです。

ディレクティブ

主なディレクティブ	意味
Port	待機ポート番号
Protocol	プロトコルバージョン
PermitRootLogin	rootログイン
PubkeyAuthentication	公開鍵認証（プロトコルバージョン2）
AuthorizedKeysFile	ユーザ認証の公開鍵格納ファイル名
PasswordAuthentication	パスワード認証

以下は、sshd_configのデフォルトの設定例です。

sshd_config の抜粋

```
Port 22
Protocol 2
PermitRootLogin yes
PubkeyAuthentication yes
AuthorizedKeysFile      .ssh/authorized_keys
PasswordAuthentication yes
```

《答え》B

問題 6-19

重要度《★★★》 □□□

sshで外部サーバへ接続する際に使用するオプションを編集するユーザの設定ファイルは何ですか？　ファイル名のみ記述してください。

《解説》 sshコマンド実行時のユーザ名、ポート番号、プロトコルなどのオプション指定をユーザの設定ファイルである~/.ssh/configまたはシステムの設定ファイルである/etc/ssh/ssh_configで設定できます。
sshコマンドのオプションに対応するディレクティブだけでなく、ログインで使用される様々なディレクティブを設定できます。

ディレクティブ

主なディレクティブ	対応するコマンドオプション	意味
IdentityFile	-i	アイデンティティファイル
Port	-p（scpコマンドは-P）	ポート番号
Protocol	-1または-2	プロトコルバージョン
User	-l	ユーザ名

設定例

```
IdentityFile ~/.ssh/my_id_rsa
Port 22
Protocol 2
User ryo
```

なお、上記の設定を行っている場合、次の2つのsshコマンドは同じ意味になります。

実行例

```
$ ssh examhost
$ ssh -2 -i ~/.ssh/my_id_rsa -p 22 -l ryo examhost
```

-iで指定するアイデンティティファイル（IdentityFile）とは秘密鍵と公開鍵のキーペアのうちの秘密鍵を格納したファイルです。詳細は、問題6-23と問題6-24で解説します。

《答え》 config

問題 6-20

重要度《★★★》 □□□

sshコマンドのオプションの説明で誤っているものはどれですか？　1つ選択してください。

A. -iでアイデンティティファイル（秘密鍵を格納したファイル）を指定する
B. -Pでsshサーバのポート番号を指定する
C. 「-o Port」でsshサーバのポート番号を指定する
D. -lでログインするユーザ名を指定する
E. -2でプロトコルバージョン2を指定する

《解説》 sshの主なオプションについては問題6-19の解説のディレクティブ表のとおりです。したがって選択肢A、D、Eは正しいです。sshサーバのポート番号を指定するオプションは、sshコマンドでは-p、scpコマンドでは-Pです。したがって選択肢Bは誤りです。sshサーバのポート番号は「-o Port=ポート番号」あるいは「-o "Port ポート番号"」としても指定できます。したがって選択肢Cは正しいです。
以下はポート番号22（22はデフォルト）、アイデンティティファイル~/.ssh/id_dsa、プロトコルバージョン2、ログインユーザ（sshコマンドの実行ユーザがデフォルト）yukoでsshサーバにログインする例です。

実行例

```
$ ssh -p 22 -i ~/.ssh/id_dsa -2 -l yuko examserver
Enter passphrase for key '/home/yuko/.ssh/id_dsa':   ← 秘密鍵のパスフレーズを入力
Last login: Thu Jul 23 13:25:47 2015 from examhost
$
```

上記の実行例で入力する「パスフレーズ」は、秘密鍵を暗号化してファイルに格納するために秘密鍵の作成時に設定する文字列です。秘密鍵をファイルから取り出す時に同じパスフレーズを入力して復号化します。秘密鍵の作成手順については問題6-23の解説を参照してください。

《答え》 B

問題 6-21

重要度《★★★》

ポート番号221でsshサービスするserver1を経由して、ポート番号222でsshサービスするserver2にログインするコマンドはどれですか？　1つ選択してください。

A. ssh -p 221 server1;ssh -p 222 server2
B. ssh -p 221 server2:222 server1
C. ssh -L 221:server2:222 server1
D. ssh -o ProxyCommand="ssh -p 221 -W Server2:222 server1" localhost

《解説》「-o ProxyCommand=」オプションを使用し、1番目のサーバserver1にログインする時には-pオプションでポート番号221を指定し、2番目のサーバにログインする時は-Wオプションの「-W サーバ名:ポート番号」に従い、「-W server2:222」として実行します。したがって選択肢Dが正解です。なお、最後に指定したサーバ名localhostは構文上必要なだけで、どのような文字列でもかまいません。
選択肢Aはserver1のログインセッションが終わってからserver2にログインします。したがって、server1を経由する本問題の題意と異なるので誤りです。選択肢Bは構文が誤っています。
選択肢Cはローカルポート221を、server1を経由してserver2のポート222へポート転送するコマンドなので誤りです。

参考

次のように~/.ssh/configに記述しておくこともでき、短いコマンドラインで最終のサーバにログインできます。インターネット上のサーバserver1を経由して、内部ネットワークのserver2にログインするような時に利用すると便利です。

実行例

```
$ vi ~/.ssh/config
Host server2
        HostName server2
        Port 222
        ProxyCommand ssh -p 221 -i ~/.ssh/id_dsa -W %h:%p server1

$ ssh server2
Enter passphrase for key '/home/yuko/.ssh/id_dsa':    ← server1の認証
yuko@server2's password:                              ← server2の認証
Last login: Thu Jul 30 16:14:03 2015 from examhost
$
```

上記の~/.ssh/configの中で記述された「%h:%p」の%hは「HostName server2」で指定されたサーバ名server2に、%pは「Port 222」で指定されたポート番号222に入れ替わります。

《答え》D

問題 6-22

重要度《★★★》 □□□

sshによるX11ポート転送についての説明で正しいものはどれですか？　3つ選択してください。

A. sshクライアント側で「ForwardX11 yes」と設定する
B. sshサーバ側で「X11Forwarding yes」と設定する
C. sshクライアント側では「xhost +」が自動的に設定される
D. sshサーバ側では環境変数DISPLAYが自動的に設定される

《解説》 X接続を許可するには、サーバの設定ファイルsshd_configに「X11Forwarding yes」と記述します。またクライアントの設定ファイルssh_configには「ForwardX11 yes」と記述します。この設定により、X11ポートをXクライアントホストからXサーバに転送し、Xのクライアントアプリケーションがxサーバに接続できます。

X11ポート転送を利用する場合は、Xサーバ（sshクライアント）側でxhostコマンドによりアクセスを許可する必要はなく、またXクライアント（sshサーバ）側では環境変数DISPLAYが自動的に設定されます。DISPLAYの値に設定されるディスプレイ番号10は6000番からのオフセット値で、転送されるローカルポート6010番（6000+10）へのアクセスとなります。

ディスプレイ番号は、使用中の番号を除き、新しく開始されるログインセッションごとに10、11、12……とインクリメントされ、それに対応するローカルポート番号も6010、6011、6012……と割り当てられます。

X11Forwarding の概要

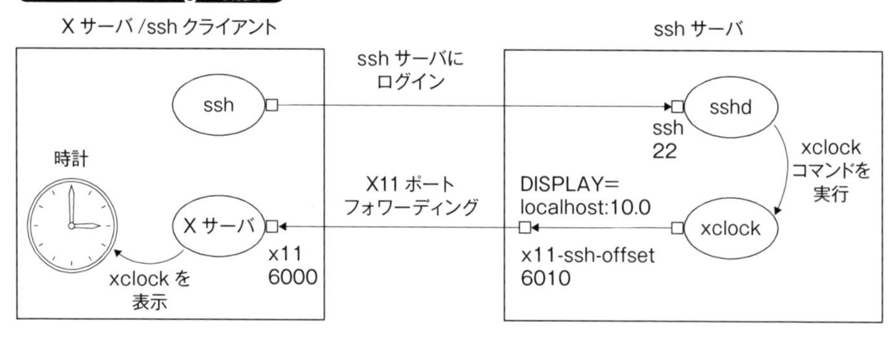

《答え》 A、B、D

問題 6-23

重要度《★★☆》

SSHが使用する認証用キーを生成するコマンドの名前を記述してください。

《解説》 秘密鍵と公開鍵のキーペアはssh-keygenコマンドで生成します。

主な構文 `ssh-keygen -t キータイプ`

指定できるキータイプには次の3種類があります。

①rsa1……プロトコルバージョン1のrsaキー

②rsa……プロトコルバージョン2のrsaキー

③dsa……プロトコルバージョン2のdsaキー

rsaキーはRSA（Rivest Shamir Adleman）方式で使用されるキーです。発明者のRon Rivest、Adi Shamir、Len Adlemanの3人の頭文字をつなげた名称となっています。大きな素数の素因数分解の困難さを利用したもので、広く普及しています。

dsaキーはDSA（Digital Signature Algorithm）方式で使用されるキーです。米国家安全保障局が選択した次世代の標準です。離散対数問題の困難さを利用しています。

以下の例ではユーザyukoがdsaキーを生成します。

実行例

```
$ ssh-keygen -t dsa
Generating public/private dsa key pair.
Enter file in which to save the key (/home/yuko/.ssh/id_dsa):
Enter passphrase (empty for no passphrase):
Enter same passphrase again:
Your identification has been saved in /home/yuko/.ssh/id_dsa.
Your public key has been saved in /home/yuko/.ssh/id_dsa.pub.
The key fingerprint is:
44:5c:83:7d:60:b6:dd:3a:79:dd:d6:bd:1a:a7:fe:e1 yuko@examhost.mylpic.com
The key's randomart image is:
+--[ DSA 1024]----+
|        ..+*.    |
|        .oo.+..  |
|         . ... . |
|        .     o .+|
|         S   + . *|
|              o ..|
|              . + |
|               * .|
|             .+.E |
+-----------------+
```

- 秘密鍵を暗号化するためのパスフレーズを入力（パスフレーズを入力しないと秘密鍵は暗号化されない）
- 同じパスフレーズをもう一度入力
- 公開鍵は /home/yuko/.ssh/id_dsa.pub に格納される
- 暗号化された秘密鍵は /home/yuko/.ssh/id_dsa に格納される

生成された秘密鍵と公開鍵を確認します。

実行例

```
$ ls -l .ssh
合計 8
-rw------- 1 yuko users 736  6月 21 23:13 2012 id_dsa
-rw-r--r-- 1 yuko users 611  6月 21 23:13 2012 id_dsa.pub

$ cat .ssh/id_dsa ―― ① 秘密鍵
-----BEGIN DSA PRIVATE KEY-----
Proc-Type: 4,ENCRYPTED
DEK-Info: DES-EDE3-CBC,8F4D2905128FD917

xskUbJshmn0OXTXCldD44OXa2CuRrAMfbVVhuzagy4HxWI2hxVArwirdtH9Xxr7O
hvrNS0bLAI/oREzfVxGj5pgKrUtwlA08at44hXXCFTWsrL0Q1FkejDcDoE5K11WM
.....（途中省略）.....
uxQfFPJEZ92CLJcrAcgMl0cBi3ivoyOWUrt6+Ubb9x8iAMv1YwFXdirM3BVnAr0A
JxZMqGTXuu9mT4KEep/Zhw==
-----END DSA PRIVATE KEY-----

$ cat .ssh/id_dsa.pu ―― ② 公開鍵
ssh-dss AAAAB3NzaC1kc3MAAACBANRxOGZgemfjW5CKCMeItu5dnOGJFwXqEa+K52tOqRk
7Ui5dP3LjLfFadmQY04V0RnvoY0Znc7eoHBjvn65OAUOcmPzBpzVaPG29o0P4YpxYyTprQ8
.....（途中省略）.....
DJNOvkm76UVJWHUETDZmEmZaDphPvNrjQDvzVvyZp5pJc8XqYf8U9qDCjh9l6MrVOmunZmT
8Kglf1TCMYSm0rRqYBQe19G0w== yuko@examhost.mylpic.com
```

あわせてチェック!

パスフレーズを忘れると、その鍵は再度作成する必要があります。解読することは実質上できません。再作成したら、新しい公開鍵をサーバ側にコピーし直す必要があります。
また、ssh-keygenコマンドに-pオプションを指定してパスフレーズを変更することができます。ただし、変更するには現在設定されているパスワードが必要です。この場合はパスフレーズのみが変更され、キーの値は元のままです。

《答え》 ssh-keygen

問題 6-24

重要度《★★☆》 □□□

ユーザyukoがホストexamhost上でDSA鍵を作成しました。作成した鍵はexamhostからexamserverにログインする時に使用します。examserverにexamhostの鍵を登録するファイルはどれですか？　1つ選択してください。

A. sshd_config　　**B.** authorized_keys
C. id_dsa.pub　　**D.** id_dsa

《解説》 問題6-12と問題6-13で解説したとおり、サーバによるユーザ認証を行うには秘密鍵と公開鍵のキーペアのうち公開鍵をサーバ側にコピーしておかなくてはなりません。サーバ側で公開鍵を格納するファイルはデフォルトではauthorized_keysファイルです。

ファイル名はサーバの設定ファイルsshd_configのAuthorizedKeysFileディレクティブで指定できます。
次の例は、デフォルトの設定です。

sshd_config の抜粋

```
AuthorizedKeysFile     .ssh/authorized_keys
```

以下は、ユーザyukoがexamhost上で作成した公開鍵をsshサーバであるexamserverに登録する例です。

実行例

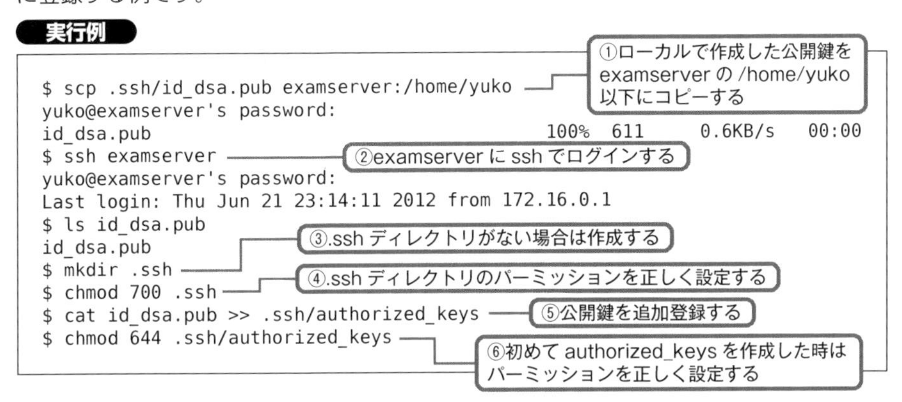

公開鍵を上記のようにサーバのautorized_keysに登録した後、次の実行例では、examhostからexamserverへsshでログインしています。
なお、②から③は、sshコマンド実行時のユーザ認証の説明です（Open SSHプロトコルバージョン２の場合）。

実行例

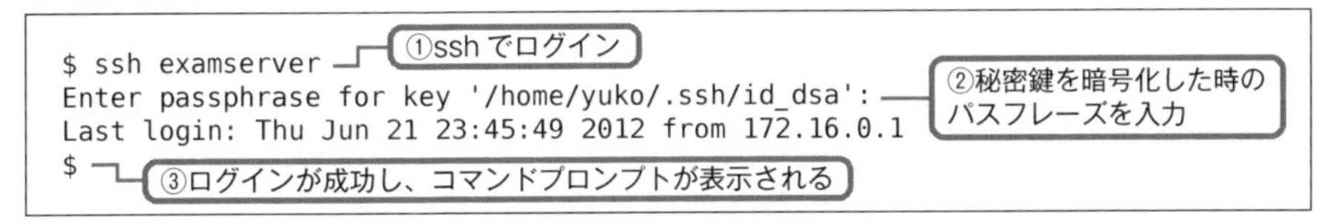

①　クライアント上のユーザがsshコマンドを実行する
②　ユーザはパスフレーズを入力して暗号化された秘密鍵（~/.ssh/id_dsa）を復号化する（秘密鍵がパスフレーズで暗号化されていた場合。パスフレーズを付けずに秘密鍵を生成した場合は暗号化されていないのでパスフレーズの入力は必要なし）
②' sshコマンドはユーザ名、公開鍵（~/.ssh/id_dsa.pub）を含むデータに秘密鍵での署名を付けてサーバに送る
②" サーバは送られて来た公開鍵がサーバに登録（~/.ssh/authorized_keys）されているものかを調べる
③　登録された公開鍵であれば、その公開鍵で署名が正しいものかどうかを検証し、正しければ正当なユーザとしてログインを許可する

《答え》B

問題 6-25

重要度《★★★》

sshクライアントがsshサーバに接続する時に、パスフレーズを入力することなくログインするために秘密鍵の管理を行うプログラムはどれですか？　1つ選択してください。

A. scp　　**B.** sshd
C. ssh-agent　　**D.** ssh-keygen

《解説》 ssh-agentは復号化された秘密鍵をメモリに保持するエージェントです。ssh-agentへの秘密鍵の登録はssh-addコマンドで行います。この時、ファイルに格納されている秘密鍵が暗号化されている場合は、パスフレーズを入力して復号化します。sshコマンド（あるいはscpコマンド）はssh-agentから秘密鍵を取得するので、ファイルに格納されている秘密鍵が暗号化されていてもパスフレーズを入力することなくsshサーバにログインできます。ssh-addコマンドおよびsshコマンドは、ssh-agentが作成したソケットファイルを介してssh-agentと通信します。

sshコマンドおよびssh-addコマンドは、ssh-agentに接続するためには環境変数SSH_AGENT_PIDにssh-agentのPIDを、SSH_AUTH_SOCKにはssh-agentのソケットファイルのパスを設定しておく必要があります。次のようにしてbashの子プロセスとしてssh-agentを起動すると、この2つの環境変数は自動的にセットされるので簡便に利用できます。

実行例

```
$ ssh-agent bash                                  ← bashを生成し、その子プロセスとしてssh-agentを起動
$ ssh-add ~/.ssh/id_dsa                           ← ~/.ssh/id_dsaファイルの秘密鍵をssh-agentに登録
Enter passphrase for /home/yuko/.ssh/id_dsa:      ← パスフレーズを入力して秘密鍵を復号化
Identity added: /home/yuko/.ssh/id_dsa (/home/yuko/.ssh/id_dsa)
$ ssh-add -l                                      ← ssh-agentに登録された秘密鍵を表示
1024 b7:fc:15:5c:5e:27:25:43:db:0d:9e:eb:ae:a1:2f:c0 /home/yuko/.ssh/id_dsa (DSA)

$ echo $SSH_AGENT_PID                             ← ssh-agentのPIDを表示
3682
$ echo $SSH_AUTH_SOCK                             ← ssh-agentが作成したソケットファイルのパスを表示
/tmp/ssh-iKbnpq3681/agent.3681

$ ssh examserver                                  ← パスフレーズの入力なしにsshサーバにログイン
Last login: Thu Jul 23 11:33:15 2015 from examhost
```

ssh-agentの概要

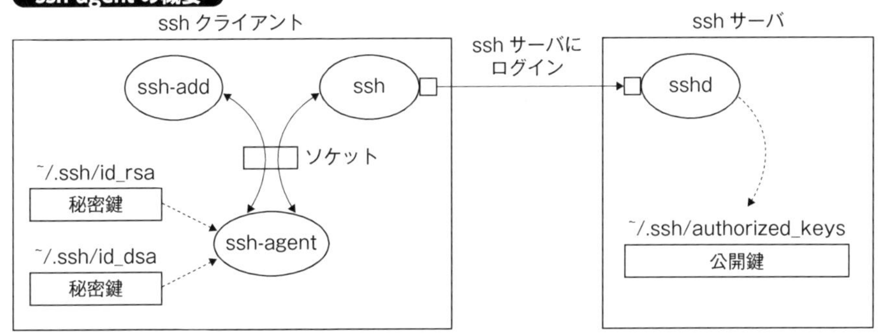

《答え》 C

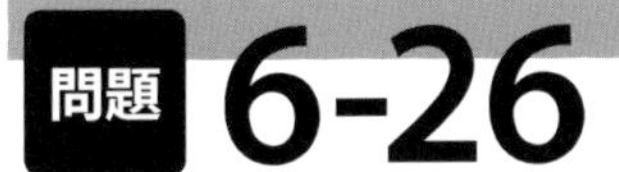

問題 6-26

重要度《★★★》 □□□

システムをリブートしたら、リモートホストからsshでのアクセスができなくなりました。考えられる最も可能性の高い原因は何ですか？　1つ選択してください。

A. システム起動時にsshdを起動する設定になっていない
B. xinetdのサービスにsshが登録されていない
C. システム管理者がssh-keygenでキーを生成していない
D. rootのパスワードが変更された

《解説》 sshのサーバであるsshdの起動はinitがランコントロールスクリプトを実行することにより行われます。

ランレベル3で参照されるディレクトリ/etc/rc3.d、あるいはランレベル5で参照されるディレクトリ/etc/rc5.dの下に、 sshdを起動するスクリプト/etc/init.d/sshdへのシンボリックリンクが作成されていないことが考えられます。

RedHat系のLinuxディストリビューションの場合は次のようにしてchkconfigコマンドを実行することにより適切なシンボリックファイルが作成されます。

実行例

```
# chkconfig sshd on
# ls -l /etc/rc3.d/*sshd*
lrwxrwxrwx 1 root root 14  6月 21 22:04 2012 /etc/rc3.d/S55sshd -> ../init.d/sshd
# ls -l /etc/rc5.d/*sshd*
lrwxrwxrwx 1 root root 14  6月 21 22:04 2012 /etc/rc5.d/S55sshd -> ../init.d/sshd
```

《答え》A

問題 6-27

重要度《★★★》

/binディレクトリ内で、一般ユーザが実行してもroot権限で実行されるファイルの一覧を表示したい場合、どのfindコマンドを実行すればよいですか？　1つ選択してください。

A. find /bin -uid 0 -perm /4000
B. find -user -perm /4000 /bin
C. find /bin -user -perm 4000
D. find /bin -user 0 -perm 4000
E. find -perm /4000 /bin

《解説》 findコマンドの検索オプション「-uid 0」によりファイルの所有者がrootで、かつ「-perm /4000」によりSUIDビットが立っているファイルを検索する選択肢Aが正解です。

選択肢B、選択肢C、選択肢Eは構文が誤っています。

選択肢Dは検索オプション「-user 0」により所有者がrootのファイルを探しますが、「-perm 4000」はSUIDビットが立ち、かつ他のビットは立っていないファイルを探すので誤りです。

選択肢にありませんが、この問題のように1つのビットだけを調べるのであれば「find /bin -uid 0 -perm -4000」としてもできます。

構文 `find [検索ディレクトリ] [検索オプション]`

検索オプション

主な検索オプション	説明
-uid ユーザID	ファイルの所有者のユーザIDを指定
-user ユーザ名	ファイルの所有者のユーザ名またはユーザIDを指定
-perm パーミッション	ファイルのパーミッションを指定。パーミッションが完全に一致したファイルを検索
-perm -パーミッション	ファイルのパーミッションを指定。指定した以外のパーミッションビットは無視する
-perm /パーミッション	ファイルのパーミッションを指定。指定したいずれかのパーミッションビットが立っているファイルを検索
検索条件1 検索条件2	検索条件1と検索条件2の両方を満たすファイルを検索（検索条件1と検索条件2の論理積（AND））
検索条件1 -a 検索条件2	検索条件1と検索条件2の両方を満たすファイルを検索（検索条件1と検索条件2の論理積（AND））
検索条件1 -and 検索条件2	検索条件1と検索条件2の両方を満たすファイルを検索（検索条件1と検索条件2の論理積（AND））。この書式はPOSIXには対応していない
検索条件1 -o 検索条件2	検索条件1と検索条件2のどちらか片方を満たすファイルを検索（検索条件1と検索条件2の論理和（OR））
検索条件1 -or 検索条件2	検索条件1と検索条件2のどちらか片方を満たすファイルを検索（検索条件1と検索条件2の論理和（OR））。この書式はPOSIXには対応していない

《答え》 A

問題 6-28

重要度《★★★》 □□□

現在のディレクトリ以下にあるシンボリックリンクファイルを探すコマンドはどれですか？　1つ選択してください。

A. locate -d . symlink
B. locate symlink
C. find . -type d
D. find -type l

《解説》 ファイルタイプを指定して探すにはfindコマンドを使用し、-typeオプションでファイルタイプを指定します。主なタイプには、d（ディレクトリ）、f（通常ファイル）、l（シンボリックリンクファイル）などがあります。findコマンドで検索するディレクトリを省略した場合は、現在のディレクトリ以下を検索します。したがって選択肢Dは正解、選択肢Cは誤りです。findコマンドの詳細は「第1部 101試験」の第6章を参照してください。
locateコマンドはファイルタイプを指定して探すことはできないので、選択肢Aと選択肢Bは誤りです。

《答え》 D

問題 6-29

重要度《★★★》 □□□

CDROMをアンマウントしようとしましたが、ビジーとなってアンマウントできませんでした。空欄にCDROMを使用しているプロセスを調べるコマンドを記述してください。

/dev/sda1

```
#__________________ +f -- /dev/cdrom
```

《解説》 lsofコマンドで、ファイルシステムにアクセスしているプロセスを表示することができます。lsofの「+f --」オプションの後にマウントポイントあるいはデバイスを指定します。+fに続く--はfオプションの引数の終了を指示し、続いてファイルシステムを指定します。fuserコマンドでもファイルシステムにアクセスしているプロセスを表示することができます。fuserの「-m」あるいは「-mv」オプションの後に、マウントポイントあるいはデバイスを指定します。

fuser コマンドの実行例

```
# fuser -mv /dev/cdrom
```

《答え》 lsof

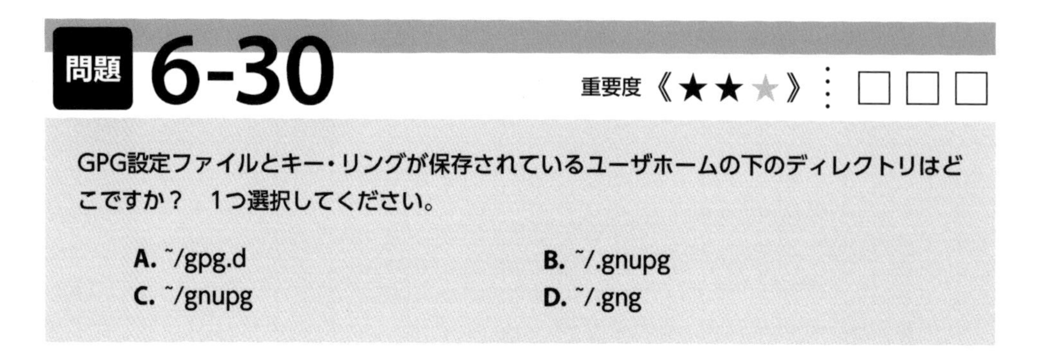

問題 6-30

重要度《★★★》

GPG設定ファイルとキー・リングが保存されているユーザホームの下のディレクトリはどこですか？　1つ選択してください。

A. ~/gpg.d　　**B.** ~/.gnupg
C. ~/gnupg　　**D.** ~/.gng

《解説》 GPG（GNU Privacy Guard）は、公開鍵暗号PGP（Pretty Good Privacy）の標準仕様であるOpenPGPのGNUによる実装であり、暗号化と署名を行うツールです。
LinuxではGPGはソフトウェアパッケージの署名と検証にも使われています。
ユーザがgpgコマンドで初めてGPG鍵を生成すると次のように~/.gnupgディレクトリが作成され、その下にファイルが作成されます。

~/.gnupg ディレクトリ内のファイル

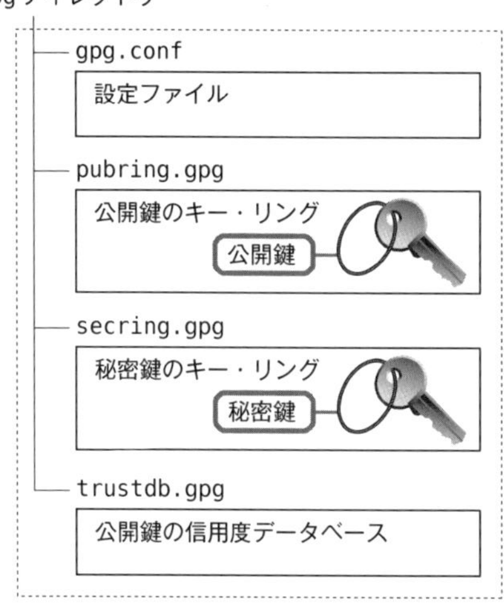

以下はユーザyukoが「gpg --gen-key」を実行して秘密鍵と公開鍵のキーペアを作成する例です。
コマンドを入力すると対話形式で情報を入力します。~/.gnupgディレクトリが作成され、その下に鍵を格納するファイルなどが作成されます。

実行例

```
$ gpg --gen-key ―― gpg コマンドの実行
.....（途中省略）.....
ご希望の鍵の種類を選択してください：
   (1) RSA and RSA (default)
   (2) DSA and Elgamal
   (3) DSA (署名のみ)
   (4) RSA (署名のみ)
選択は? 1 ―― この例ではデフォルトの(1)を選択
RSA keys may be between 1024 and 4096 bits long.
What keysize do you want? (2048) ―― この例ではデフォルトの2048ビットを選択
要求された鍵長は2048ビット
鍵の有効期限を指定してください。
         0 = 鍵は無期限
      <n>  = 鍵は n 日間で満了
      <n>w = 鍵は n 週間で満了
      <n>m = 鍵は n か月間で満了
      <n>y = 鍵は n 年間で満了
鍵の有効期間は? (0) ―― この例ではデフォルトの0(無期限)を選択
Key does not expire at all
これで正しいですか? (y/N) y ―― 正しければyを入力

You need a user ID to identify your key; the software constructs the user ID
from the Real Name, Comment and Email Address in this form:
    "Heinrich Heine (Der Dichter) <heinrichh@duesseldorf.de>"

本名: Yuko Tama ―― 本名を入力する
電子メール・アドレス: yuko@mylpic.com ―― メールアドレスを入力する
コメント: Just Sample ―― コメントを入力する
次のユーザIDを選択しました:
    "Yuko Tama (Just Sample) <yuko@mylpic.com>"

名前(N)、コメント(C)、電子メール(E)の変更、またはOK(O)か終了(Q)? O ―― OKであれば Oを入力
秘密鍵を保護するためにパスフレーズがいります。
パスフレーズを入力: ―― パスフレーズを入力（確認のために2回入力します）
.....（以下省略）.....
```

《答え》B

問題 6-31

重要度《★★★》 □□□

GPGを使用して、公開鍵暗号により送信者がデータを暗号化する手順について、正しいものを1つ選択してください。
なお、送信者IDはryo@mylpic.com、受信者IDはyuko@mylpic.com、送信データファイルをsecret-document.txtとします。

A. gpg --encrypt --recipient yuko@mylpic.com secret-document.txt
B. gpg --encrypt --export ryo@mylpic.com secret-document.txt
C. gpg --decrypt --recipient yuko@mylpic.com secret-document.txt
D. gpg --decrypt --export ryo@mylpic.com secret-document.txt

《解説》 暗号化にはgpgコマンドのオプション「--encrypt」または「-e」を指定し、受信者ID（メールアドレス）をオプション「--recipient」または「-r」で指定します。
問題6-12の解説のとおり、送信者は受信者の公開鍵でデータを暗号化して受信者に送り、受信者は自分の秘密鍵でデータを復号化します。
次の実行例では、ユーザyukoは公開鍵リング（pubring.gpg）から自分の公開鍵を取り出してファイルに格納します。公開鍵の取り出しには--exportオプションを使用します。

実行例

```
$ gpg --export yuko@mylpic.com > gpg-pub-yuko.key
$ $ ls -l gpg-pub-yuko.key
-rw-r--r-- 1 yuko users 1192  6月 22 14:23 2012 gpg-pub-yuko.key
```

yukoはこのファイルをメール添付などでユーザryoに送るか、公開鍵サーバにアップしてだれでも入手できるようにします。
ryoはyukoの公開鍵を取得したら、それを自分の公開鍵リングに登録し、その後、yukoの公開鍵で送信データを暗号化します。

実行例

```
$ gpg --import gpg-pub-yuko.key
gpg: 鍵 A5AB2E58: 公開鍵 "Yuko Tama (Just Sample) <yuko@mylpic.com>" を読み込みました
gpg:       処理数の合計 : 1
gpg:             読込み : 1  (RSA: 1)

$ gpg --list-keys
/home/ryo/.gnupg/pubring.gpg
----------------------------
pub   2048R/6CDE94D3 2012-06-22
uid                  Ryo Musashi (Just Sample) <ryo@mylpic.com>
sub   2048R/8A4E4038 2012-06-22

pub   2048R/A5AB2E58 2012-06-22
uid                  Yuko Tama (Just Sample) <yuko@mylpic.com>
sub   2048R/17BE90BC 2012-06-22

$ cat secret-document.txt
****************************
これは秘密の文書です。
どうぞよろしくお願いします。
by Ryo
****************************

$ gpg --encrypt --recipient yuko@mylpic.com secret-document.txt
gpg: 17BE90BC: この鍵が本当に本人のものである、という兆候が、ありません

.....（途中省略）.....

この鍵は、このユーザ ID をなのる本人のものかどうか確信できません。今から行うことを
*本当に*理解していない場合には、次の質問には no と答えてください。

それでもこの鍵を使いますか？ (y/N) y
```

ユーザ ryo はユーザ yuko の公開鍵を自分の公開鍵リング（pubring.gpg）に登録（import）する

自分の公開鍵リングに登録された公開鍵を表示（--list-public-keys オプションと同じ）

ユーザ yuko の公開鍵が追加されている

データの送り先のユーザ yuko の公開鍵で暗号化

使用する場合は y を入力

ユーザyukoはryoから送られてきた暗号化ドキュメントを自分の秘密鍵で復号化します。

実行例

```
$ gpg --output secret-document.txt  --decrypt secret-document.txt.gpg

次のユーザの秘密鍵のロックを解除するにはパスフレーズがいります:"Yuko Tama (Just Sample)
<yuko@mylpic.com>"
2048 ビット RSA 鍵 , ID 17BE90BC 作成日付は 2012-06-22 ( 主鍵 ID A5AB2E58)

gpg: 2048- ビット RSA 鍵 , ID 17BE90BC, 日付 2012-06-22 に暗号化されました
      "Yuko Tama (Just Sample) <yuko@mylpic.com>"

$ cat secret-document.txt
****************************
これは秘密の文書です。
どうぞよろしくお願いします。
by Ryo
****************************
```

自分の秘密鍵で復号化

受信したファイルが参照できる

《答え》A

問題 6-32

重要度《★★★》 □□□

gpgコマンドを実行する際、ユーザが鍵の管理に関連するタスクを対話的メニューでできるようにするには、どのオプションを指定すればよいですか？　記述してください。

《解説》 gpgコマンドに--edit-keyオプションを指定して実行すると、鍵の管理を対話的に行うことができます。鍵の有効期限やパスフレーズの変更などを設定することができます。

実行例

```
$ gpg --edit-key yuko@mylpic.com ——— ユーザ yuko の公開鍵を管理
.....（途中省略）.....
コマンド> ? ——— コマンドメニューを表示
.....（途中省略）.....
コマンド> list ——— 公開鍵リングに登録された公開鍵を表示
pub  2048R/A5AB2E58  作成： 2012-06-22  満了： 無期限      利用法： SC
                     信用： 絶対的      有効性： 絶対的
sub  2048R/17BE90BC  作成： 2012-06-22  満了： 無期限      利用法： E
[ultimate] (1). Yuko Tama (Just Sample) <yuko@mylpic.com>

コマンド> expire ——— 鍵の有効期限を変更
.....（途中省略）.....
      <n>y = 鍵は n 年間で満了
鍵の有効期間は？ (0)2y ——— 有効期限を2年間に設定
Key expires at 2014年06月22日 15時37分05秒 JST
これで正しいですか？ (y/N) y ——— 正しければ y を入力

次のユーザの秘密鍵のロックを解除するには
パスフレーズがいります："Yuko Tama (Just Sample) <yuko@mylpic.com>"
2048ビットRSA鍵， ID A5AB2E58 作成日付は 2012-06-22
パスフレーズを入力： ——— パスフレーズを入力

pub  2048R/A5AB2E58  作成： 2012-06-22  満了： 2014-06-22  利用法： SC
                     信用： 絶対的      有効性： 絶対的
sub  2048R/17BE90BC  作成： 2012-06-22  満了： 無期限      利用法： E
[ultimate] (1). Yuko Tama (Just Sample) <yuko@mylpic.com>

コマンド> passwd ——— パスフレーズを変更
鍵は保護されています。

次のユーザの秘密鍵のロックを解除するには
パスフレーズがいります："Yuko Tama (Just Sample) <yuko@mylpic.com>"
2048ビットRSA鍵， ID A5AB2E58 作成日付は 2012-06-22
パスフレーズを入力： ——— 現在のパスフレーズを入力

この秘密鍵の新しいパスフレーズを入力してください。
パスフレーズを入力： ——— 新しいパスフレーズを入力

コマンド> quit ——— gpg コマンドを終了
変更を保存しますか？ (y/N) y ——— 鍵の有効期限とパスフレーズの変更を保存
```

《答え》 --edit-key

102試験

模擬試験

模擬試験

問題 1

環境変数やaliasの定義を記述することにより、 bashの動作環境をカスタマイズするファイルはどれですか？　3つ選択してください。

A. /etc/profile
B. /etc/inittab
C. ~/.bashrc
D. ~/.login
E. ~/.bash_profile

問題 2

あるコマンドを実行したところ、次のように表示されました。実行したコマンドを記述してください。

コマンド実行結果の表示

```
alias ll='ls -l --color=auto'
alias ls='ls --color=auto'
alias vi='vim'
```

問題 3

環境変数PRINTERをlp2に設定してファイルfileAをlp2から印刷した後、環境変数PRINTERを一時的に無効にして、デフォルトのプリンタlp1から印刷するコマンドはどれですか？　1つ選択してください。

A. export PRINTER=lp2;lpr fileA;export -n PRINTER;lpr fileB
B. export PRINTER=lp2;lpr fileA;PRINTER= lpr fileB
C. env $PRINTER=lp2;lpr fileA;export -n PRINTER;lpr -p lp1 fileB
D. export $PRINTER=lp2;lpr fileA;unset PRINTER;lpr fileB

問題 4

/procディレクトリの下に現在のシェルのPIDをディレクトリ名とするディレクトリがあるかどうかを調べるコマンドはどれですか？　1つ選択してください。

A. cd /proc;echo $0 | xargs ls -d >& /dev/null;echo $$
B. cd /proc;echo $1 | xargs ls -d >& /dev/null;echo $#
C. cd /proc;echo $? | xargs ls -d >& /dev/null;echo $$
D. cd /proc;echo $$ | xargs ls -d >& /dev/null;echo $?

問題 5

ユーザyukoが自分のホームディレクトリの下のbinディレクトリの下にbashのシェルスクリプトmyappを作成しました。 yukoがファイルシステムのどこのディレクトリの下でも、コマンドラインで「myapp」として実行するために必須の設定はどれですか？　3つ選択してください。

A. 環境変数LD_LIBRARY_PATHに/home/yuko/binが含まれていること
B. 1行目に「#!/bin/bash」と記述してあること
C. 変数PATHに/home/yuko/binが含まれていること
D. myappに実行権が付いていること
E. myappに読み取り権と実行権が付いていること

問題 6

seqコマンドの実行結果を変数MyNumberに格納するコマンドと格納された値について、正しいものはどれですか？　1つ選択してください。

A. コマンドは「MyNumber=$(seq -s " " 1 4 10)」、格納された値は「1 5 9」
B. コマンドは「MyNumber=$((seq -s " " 1 4 10))」、格納された値は「1 5 10」
C. コマンドは「MyNumber='exec seq -s " " 1 4 10'」、格納された値は「1 5 9」
D. コマンドは「MyNumber={exec seq -s " " 1 4 10}」、格納された値は「1 5 10」

問題 7

以下のコマンド・シーケンスはどんな出力を生成しますか？　1つ選択してください。

コマンドシーケンス

```
echo '10 20 30 40 50' |
while read x y z;
do
 echo result: $z $y $x;
done
```

A. result: 10 20 30 40 50
B. result: 50 40 30 20 10
C. result: 30 20 10 50 40
D. result: 30 40 50 20 10

問題 8

SQLデータベースに以下のテーブルlpicがある時、検索結果をlevelコラムの値がlevel2のレコードのみに制限するための句はどれですか？　1つ選択してください。

SQLテーブル

```
mysql> select * from lpic;
+-------------+---------+----------------+
| course_id | level  | course_name |
+-------------+---------+----------------+
|          0 | level1 | lpi101       |
|          1 | level1 | lpi102       |
|          2 | level2 | lpi201       |
|          3 | level2 | lpi202       |
+-------------+---------+----------------+
```

A. level='level2'
B. order by level2
C. where level='level2'
D. group by level2

問題 9

SQLデータベースに以下のテーブルlpicがある時、コラムlevelの値ごとにその出現回数を集計して表示するSQLコマンドはどれですか？　1つ選択してください。

SQLテーブル

```
mysql> select * from lpic;
+-------------+---------+----------------+
| course_id | level  | course_name |
+-------------+---------+----------------+
|          0 | level1 | lpi101       |
|          1 | level1 | lpi102       |
|          2 | level2 | lpi201       |
|          3 | level2 | lpi202       |
|          4 | level3 | lpi300       |
|          5 | level3 | lpi303       |
|          6 | level3 | lpi304       |
+-------------+---------+----------------+
```

A. select level,count(*) from lpic group by level;
B. select level count() from lpic group by level;
C. select count(*) from lpic order by level
D. select count() from lpic where level="*"

問題 10

X11の設定ファイルxorg.confの中で、Xサーバのフォントが置かれているディレクトリを指定する正しい記述はどれですか？　1つ選択してください。

A. Files {FontPath "catalogue:/etc/X11/fontpath.d"}
B. [Files] FontPath "catalogue:/etc/X11/fontpath.d"
C. Section "Files"
FontPath "catalogue:/etc/X11/fontpath.d"
EndSection

D. Section FontPath {
　　catalogue:/etc/X11/fontpath.d
　}

問題 11

xwininfoの説明で正しいものはどれですか？　2つ選択してください。

A. ウインドウをクリックしてウインドウ情報を表示する
B. ウインドウのキーボードマッピングを表示する
C. Xサーバの設定ファイルxorg.confを生成する
D. Xサーバの色深度を表示する

問題 12

X11のディスプレイマネージャの説明で正しいものはどれですか？　3つ選択してください。

A. 代表的なディスプレイマネージャとしてXDM、GDM、KDMがある
B. ユーザのログインセッションを管理する
C. initからprefdmを経由して、あるいはsystemdから起動され、XサーバであるXorgを起動する
D. ユーザがウインドウシステムにログインした後に起動され、ウインドウのオープン、クローズ、移動、リサイズなどを管理する

問題 13

XDMについての説明で正しいものはどれですか？　2つ選択してください。

A. xorg-x11の基本パッケージに含まれる
B. xorg-x11のウインドウマネージャである
C. ログイン後の起動プログラムはXresourcesで指定する
D. XDMの壁紙はXsetup_0ファイルで指定する

問題 14

Linuxのアクセシビリティの機能についての説明で正しいものはどれですか？　2つ選択してください。

A. Orcaはスティッキー・キーなどのキーボード設定機能を提供する
B. xeyesは拡大鏡の機能を提供する
C. emacspeakはテキストを音声で読み上げるスクリーンリーダー機能を提供する
D. gokは画面からマウスで入力できるオンスクリーンキーボード機能を提供する

問題 15

□□□

ユーザが所属するグループを変更する方法についての説明で正しいものはどれですか？　2つ選択してください。

A. プライマリグループは/etc/passwdファイルの第4フィールドの編集で変更できる
B. プライマリグループはusermodコマンドで変更できる
C. プライマリグループもセカンダリグループも/etc/groupファイルの第4フィールドの指定で変更できる
D. セカンダリグループはgroupmodコマンドで変更できる

問題 16

□□□

/etc/shadowファイルに格納されていないものはどれですか？　1つ選択してください。

A. ユーザ名
B. ユーザID番号
C. パスワードをハッシュ化した値
D. 1970年1月1日からパスワードの最終変更日までの日数

問題 17

□□□

/etc/passwdの第2フィールドに記述する文字についての説明で正しいものはどれですか？　3つ選択してください。

A. 「!」はログイン拒否
B. 「*」はログイン拒否
C. 「+」は/etc/shadowファイルの第2フィールドを参照
D. 「x」は/etc/shadowファイルの第2フィールドを参照

問題 18

□□□

ユーザyukoのアカウントはそのままにして、ログインを禁止するコマンドはどれですか？　2つ選択してください。

A. usermod -s /sbin/nologin yuko
B. userdel yuko
C. chsh -s /bin/false yuko
D. chage -s /bin/false yuko

問題 19

□□□

パスワードの有効期限(maxdays)あるいは期限切れから失効までの日数(inactive)を変更するコマンドはどれですか？　3つ選択してください。

A. usermod
B. passwd
C. chacl
D. chage
E. chsh

問題 20

ユーザのグループの管理についての説明で正しいものはどれですか？　3つ選択してください。

A. groupaddでグループを追加する
B. groupmodでグループにユーザを追加する
C. groupdelでグループを削除する
D. usermodでグループからユーザを削除する

問題 21

/etc/groupのフォーマットで正しいものはどれですか？　1つ選択してください。

A. グループ名:グループのパスワード:グループID番号:所属するユーザ名のリスト
B. グループID番号:グループのパスワード:グループ名:所属するユーザ名のリスト
C. グループ名:グループID番号:所属するユーザID番号のリスト
D. グループID番号:グループ名:所属するユーザID番号のリスト

問題 22

シェルが使用できる最大メモリ量やcoreファイルの最大サイズなど、使用するリソースを制限するコマンドは何ですか？　コマンド名を記述してください。

問題 23

CUPSに含まれているレガシーなコマンドについての説明で正しいものはどれですか？　2つ選択してください。

A. lprはプリントジョブをキューに送る印刷コマンドである
B. lpqはプリントキューの状態を表示するコマンドである
C. lpはプリントキューの状態を表示するコマンドである
D. lpstatはプリントキューを管理するコマンドである

問題 24

DeviceURIの指定などのプリンタ定義を記述したファイルはどれですか？　1つ選択してください。

A. /var/lib/cups/printers.conf
B. /var/lib/cups/cupsd.conf
C. /etc/cups/printers.conf
D. /etc/cups/cupsd.conf

問題 25 □□□

/etc/ntp.confの中で外部NTPサーバの指定をするコンフィグレーションコマンドは何ですか？ 記述してください。

問題 26 □□□

時刻を設定、表示するコマンドについての説明で正しいものはどれですか？　1つ選択してください。

A. dateは様々なフォーマットでの日時の表示ができるがシステムクロックの設定機能はない
B. ntpdateは複数のサーバの中から最善のサーバを選択してシステムクロックに設定できる
C. NTPのClientプログラムはリファレンスクロックによってシステムクロックを修正する
D. hwclockはハードウェアクロックの時刻をシステムクロックに設定するがその逆はできない

問題 27 □□□

crontabの使用の許可、拒否についての説明で正しいものはどれですか？　1つ選択してください。

A. /etc/cron.allowはcrontabコマンドの実行を許可するユーザを指定する
B. /etc/cron.denyはcronコマンドの実行を禁止するユーザを指定する
C. /etc/crontab.allowはcronコマンドの実行を許可するユーザを指定する
D. /etc/crontab.denyはcrontabコマンドの実行を禁止するユーザを指定する

問題 28 □□□

atおよびbatchの使用の許可、拒否についての説明で正しいものはどれですか？　2つ選択してください。

A. /etc/at.allowはatおよびbatchコマンドの実行を許可するユーザを指定する
B. /etc/at.denyはatおよびbatchコマンドの実行を禁止するユーザを指定する
C. /etc/batch.allowはbatchコマンドの実行を許可するユーザを指定する
D. /etc/batch.denyはbatchコマンドの実行を禁止するユーザを指定する

問題 29 □□□

日曜日の毎時30分にmyscriptを実行するcrontabの記述はどれですか？　1つ選択してください。

A. myscript 30 * * * 6
B. 30 * * * 6 myscript
C. myscript 30 0-23 * * 1
D. 30 0-23 * * 0 myscript

問題 30 □□□

/etc/crontabとユーザcrontabについての説明で正しいものはどれですか？　1つ選択してください。

A. /etc/crontabは一般ユーザでも設定ができる
B. rootユーザはユーザcrontabは設定できず、/etc/crontabを使用する
C. /etc/crontabもユーザcrontabもエントリのフォーマットは「分 時 日 月 曜日 コマンド」である
D. /etc/crontabには、ユーザcrontabにない実行ユーザ名を指定するフィールドがある

問題 31 □□□

syslogの設定ファイルの記述で正しいものはどれですか？　2つ選択してください。

A. *.*　　　　/dev/tty1
B. /dev/console　*.err
C. mail.*　　　/var/log/maillog
D. local8.*　　/var/log/local8.log

問題 32 □□□

journalctlコマンドで表示するジャーナルの日時の範囲を限定するオプションは何ですか？　2つ選択してください。

A. --date
B. --since=
C. --time
D. --until=

問題 33 □□□

タイムゾーンの設定はどのような時に参照されますか？　1つ選択してください。

A. UTCをローカルタイムに変換する時
B. timeコマンド実行する時
C. BINDのゾーンファイルを編集する時
D. ロケールの設定に従ってメッセージを表示する時

問題 34 □□□

タイムゾーンの設定についての説明で正しいものはどれですか？　2つ選択してください。

A. 環境変数TZは時刻を参照するアプリケーションのタイムゾーンを変更できる
B. 環境変数TZはシステム管理者が設定する変数であり、一般ユーザは設定できない
C. /etc/localtimeにはJapan、New_Yorkなどのタイムゾーン名がプレーンテキストで格納されている
D. /etc/localtimeには/usr/share/zoneinfoの下のタイムゾーンファイルの内容が格納されている

問題 35

ロケールの説明で正しいものはどれですか？　3つ選択してください。

A. ロケールの書式は「言語_タイムゾーン.文字の符号化方式@修飾子」となり、修飾子には通貨記号などを指定できる
B. ロケールを「export LC_ALL="ja_JP.UTF-8"」と設定するとすべてのLC_環境変数はja_JP.UTF-8に設定される
C. 「export LANG="ja_JP.UTF-8"」と設定すると日本語のメッセージで表示される
D. 「export LC_MESSAGES="ja_JP.UTF-8"」と設定すると日本語のメッセージで表示される

問題 36

次のコマンドラインを実行して、文字コードがシフトJISのファイルfile.sjisをUTF8に変換して表示する場合、空欄に入るコマンドはどれですか？　1つ選択してください。

実行例

```
$ __________ -f SJIS -t UTF8 file.sjis
```

A. uuencode
B. uudecode
C. convert
D. iconv

問題 37

/etc/hostsファイルに記述するローカルホストのエントリで正しいものはどれですか？　2つ選択してください。

A. localhost　127.0.0.1
B. localhost.localdomain 127.0.0.1
C. 127.0.0.1　localhost localhost.localdomain
D. ::1　　localhost
E. ::0::1　　localhost

問題 38

/etc/nsswitch.confの説明で正しいものはどれですか？　2つ選択してください。

A. 名前解決のデータベースをC言語ライブラリが検索する順序を指定する
B. 名前解決のためのDNSサーバのIPアドレスを指定する
C. 「hosts: files dns」はホスト名の名前解決の順番を指定する
D. 名前解決で参照するファイル名を指定する

問題 39

「route -n」コマンドを実行したところ次のように表示されました。このルーティングテーブルの説明で正しいものはどれですか？　3つ選択してください。

実行例

```
Kernel IP routing table
Destination     Gateway         Genmask         Flags Metric Ref    Use Iface
0.0.0.0         192.168.179.1   0.0.0.0         UG    1024   0        0 wlan0
192.168.1.0     0.0.0.0         255.255.255.0   U     1005   0        0 eth0
192.168.2.0     192.168.1.1     255.255.255.0   UG    0      0        0 eth0
192.168.179.0   0.0.0.0         255.255.255.0   U     0      0        0 wlan0
```

A. 10.0.0.1宛のパケットはインタフェースeth0から送信されてルータ192.168.1.1に送られる
B. 172.16.1.1宛のパケットはインタフェースwlan0から送信されてデフォルトルータ192.168.179.1に送られる
C. 192.168.1.1宛のパケットはインタフェースeth0から送信されてルータを介さずに直接192.168.1.1に送られる
D. 192.168.2.1宛のパケットはインタフェースeth0から送信されてルータ192.168.1.1に送られる

問題 40

「netstat -n」コマンドを実行したところ次のように表示されました。このルーティングテーブルのエントリを削除するコマンドの説明で正しいものはどれですか？　3つ選択してください。

実行例

```
Kernel IP routing table
Destination     Gateway         Genmask         Flags Metric Ref    Use Iface
0.0.0.0         192.168.179.1   0.0.0.0         UG    1024   0        0 wlan0
192.168.1.0     0.0.0.0         255.255.255.0   U     1005   0        0 eth0
192.168.2.0     192.168.1.1     255.255.255.0   UG    0      0        0 eth0
192.168.179.0   0.0.0.0         255.255.255.0   U     0      0        0 wlan0
```

A. 「route del -net 192.168.2.0/24」でエントリを削除できる
B. 「route del -net 192.168.2.0/24 gw」でエントリを削除できる
C. 「route del default」でデフォルトルートのエントリを削除できる
D. 「route del default gw」でデフォルトルートのエントリを削除できる
E. 「ip route del default」でデフォルトルートのエントリを削除できる

問題 41 □□□

netstatコマンドで表示できるものはどれですか？　3つ選択してください。

A. TCPのネットワーク接続
B. ルーティングテーブル
C. ネットワークインタフェースの統計情報
D. NFSの統計情報
E. ブロードキャストサービス

問題 42 □□□

ifconfigコマンドの説明で正しいものはどれですか？　3つ選択してください。

A. ネットワークインタフェースにIPアドレスを設定する
B. upオプションでインタフェースをアクティブに、downオプションで非アクティブにする
C. ネットワークインタフェースへのネットマスクの設定はできない
D. インタフェースを非アクティブにすると関連するルーティングテーブルエントリは削除される

問題 43 □□□

ポート番号の説明で正しいものはどれですか？　2つ選択してください。

A. httpサービスのポート番号は80である
B. telnetサービスのポート番号は22である
C. 非特権ユーザはポート番号1024以降を使用できる
D. RFCによるWell Known Portsは1024から49151である

問題 44 □□□

tracerouteコマンドの説明で正しいものはどれですか？　2つ選択してください。

A. 宛先ホストに到達するまでの経路をトレースして表示する
B. ルーティングテーブルを表示する
C. TTL値とICMPエラーパケットを利用する
D. デフォルトの送信パケットはTCPである

問題 45

digコマンドの説明で正しいものはどれですか？　2つ選択してください。

A. ホスト名に対応したIPアドレスを表示する
B. 名前解決のデバッグのための詳細情報を表示する
C. IPアドレスに対応したホスト名を取得することはできない
D. 名前解決のために/etc/hostsを参照する

問題 46

IANAで定められているIPv4のプライベートアドレスはどれですか？　3つ選択してください。

A. 1.2.3.4
B. 10.1.1.1
C. 192.168.1.2
D. 172.16.2.1
E. 224.0.0.1

問題 47

192.168.1.128/28のネットワークでホストに割り当てることのできる一意のアドレスの個数はいくつですか？　記述してください。

問題 48

IPv6の説明で正しいものはどれですか？　2つ選択してください。

A. IPv6とポート番号が異なるのでIPv6アプリケーションはIPv4の/etc/servicesを利用できない
B. TCPとUDPはサポートしないので、IPv4のプロトコル番号を記載した/etc/protocolsは利用できない
C. IPv4アドレスを持つノードとIPv6アドレスを持つノードが通信する場合は、直接通信ができないのでプロトコル変換を行う仕組みを介する必要がある
D. ブロードキャストはなく、必要な場合はマルチキャストを利用する

問題 49

IPv6アドレスの説明で正しいものはどれですか？　2つ選択してください。

A. インタフェース識別番号に使用されるビット数は64ビットである
B. フィールドの区切り記号はドット「.」である
C. フィールドの先頭にゼロが連続する場合は0001→1のように省略できる
D. ゼロのみが連続するフィールドを全体で2箇所まで「::」と省略できる

問題 50

Sendmail、Postfix、EximなどのMTAに含まれていて、CUIベースのMUAのメール送信時に利用されるコマンドはどれですか？　1つ選択してください。

A. newaliases
B. mailq
C. procmail
D. sendmail

問題 51

Sendmail、Postfix、EximなどのMTAに含まれているコマンドで、送信できなかったメールのキューを表示するコマンドは何ですか？　記述してください。

問題 52

~/.forwardについての説明で正しいものはどれですか？　1つ選択してください。

A. ~/.forwardファイルを更新したらnewaliasコマンドを実行する
B. 正規表現で受信メールを選択でき、それに対する処理方法を記述する
C. 受信メールを1つあるいは複数ユーザのメールアドレスへ転送する
D. rootユーザ以外は自分のメールアドレスにしか送ることができない

問題 53

ポート番号222でsshのサービスを提供しているserver1にログインするコマンドはどれですか？　3つ選択してください。

A. ssh 222@server1
B. ssh server1:222
C. ssh -p 222 server1
D. ssh -o Port=222 server1
E. ssh -o ProxyCommand="ssh -W server1:222 server2" localhost

問題 54

sshクライアントのデフォルトのパラメータを設定するファイルはどれですか？　2つ選択してください。

A. ~/.ssh/config
B. ~/.ssh/known_hosts
C. /etc/ssh/sshd_config
D. /etc/ssh/ssh_config

問題 55

秘密鍵を暗号化してファイルに格納した場合でも、パスフレーズなしで復号化した秘密鍵を取得するために、sshコマンドが利用するプログラムの名前を記述してください。

問題 56

□□□

sshによるX11ポート転送の設定がクライアントとサーバで行われている場合、sshサーバがsshクライアント(Xサーバ)へ転送するポート(最初のセッションでは6010番)を作成します。Xアプリケーションがこのポートに接続するために、sshサーバによって自動的に設定される環境変数の名前を記述してください。

問題 57

□□□

xinetdの場合、設定ファイルxinetd.confに個々のサービスを記述することもできますが、一般的にはxinetd.confに次のように記述して、ディレクトリの下に個々のサービスの設定ファイルを置きます。下線部に入るディレクトリ名を絶対パスで記述してください。

xinetd.conf

```
includedir ____________________
```

問題 58

□□□

tcpdあるいはTCP Wrapperライブラリが参照するファイルに以下の記述があります。この設定によって、ネットワーク172.16.0.0/16からsshサービスへのアクセスを許可します。このファイルの名前を絶対パスで記述してください。

ファイルの記述

```
sshd:172.16.
```

問題 59

□□□

/etc/hosts.allowと/etc/hosts.denyファイルを参照し、TCPサービスのアクセス制御を主タスクとして行うデーモンはどれですか？　1つ選択してください。

A. tcpd
B. sshd
C. inetd
D. xinetd

問題 60

□□□

/binディレクトリ内で、一般ユーザが実行してもroot権限で実行されるファイルの一覧を表示したい場合、どのfindコマンドを実行すればよいですか？　3つ選択してください。

A. find /bin -uid 0 -perm /4000
B. find -user 0 -perm /4000 /bin
C. find /bin -user root -perm -4000
D. find -user 0 -perm 4000 /bin
E. find /bin -ls | grep "\-..s.*[0-9] root"

模擬試験の解答と解説

問題 1

《解説》 bashが参照して動作環境をカスタマイズするのは/etc/profile、~/.bashrc、~/.bash_profileです。したがって選択肢A、C、Eは正解です。
/etc/inittabはinitが参照するファイルで、bashは参照しないので選択肢Bは誤りです。
~/.loginはCシェル(csh)、tcshが参照するファイルで、bashは参照しないので選択肢Dは誤りです。

《答え》 A、C、E

問題 2

《解説》 aliasコマンドは引数なしで実行するとalias設定の一覧を表示します。本問題の表示結果は、aliasコマンドを引数なしで実行した時の例です。

《答え》 alias

問題 3

《解説》 環境変数PRINTERをlp2に設定してファイルfileAをlp2から印刷するコマンドは「export PRINTER=lp2;lpr fileA」です。これに一致するのが選択肢Aと選択肢Bです。
envコマンドは環境変数を設定するコマンドではなく表示するコマンドなので選択肢Cは誤りです。選択肢Dはexportで環境変数にするPRINTERの先頭に$を付けているので書式の誤りです。選択肢Aは「export -n PRINTER」として、一時的でなく継続的に環境変数を無効にしてから印刷しているので誤りです。選択肢Bは「PRINTER= lpr fileB」として、このコマンド実行時のみ一時的に無効にして印刷しているので正解です。
もしPRINTER= と lprの間に;があると一時的ではなくなるので誤りとなります。

《答え》 B

問題 4

《解説》 本問題の処理は、①現在のシェルのPIDを取り出す、②xargsコマンドによって「ls -d」コマンドの引数にPIDを指定する、③実行結果が成功だったかどうかを調べる、という流れになっています。
「echo $$」で現在のシェルのPIDを表示し、「echo $?」で実行結果を表示する選択肢D

が正解です。なお、実行結果としては、0が表示されて、現在のシェルのPIDを名前とするディレクトリが/procの下にあることがわかります。

《答え》 D

問題 5

《解説》 システムの標準のライブラリを使うのであれば環境変数LD_LIBRARY_PATHを設定する必要はありません。したがって選択肢Aは誤りです。
bashのスクリプトをコマンドラインで「myapp」として実行するためには、インタプリッタとしてスクリプトを実行するシェルをスクリプトの1行目で「#!/bin/bash」として指定する必要があります。したがって選択肢Bは正解です。
ファイルシステムのどこのディレクトリの下でもコマンドラインで「myapp」として実行するためには、スクリプトの置かれているディレクトリを変数PATHに含める必要があります。したがって選択肢Cは正解です。
バイナリコマンドは実行権が付いているだけで実行できますが、シェルスクリプトはインタプリッタとしてスクリプトを実行するシェルがスクリプトを読み取る必要があるため、読み取り権と実行権が必要です。したがって選択肢Dは誤り、選択肢Eは正解です。

《答え》 B、C、E

問題 6

《解説》 コマンドの実行結果をシェル変数に格納するには①「シェル変数=$(コマンド)」あるいは②「シェル=`コマンド`」とします。構文の①に従う選択肢A「MyNumber=$(seq -s " " 1 4 10)」が正解です。
括弧「()」内のコマンド「seq -s " " 1 4 10」は初期値1、増分値4、終了値10として、-sオプションで区切りに空白文字を指定しています。したがって、変数MyNumberには初期値「1」、「5」(1+4)、「9」(5+4)が空白文字で区切られて格納されます。「13」(9+4)は終了値10を超えるので、seqコマンドは「9」を表示した後に終了し、「13」は表示されません。

《答え》 A

問題 7

《解説》 readは、bashの組み込みコマンドです。readコマンドは標準入力から1行を読み込み、引数で指定したシェル変数に値を格納します。シェル変数が複数指定された場合は、区切り文字(この場合は空白)で区切られた値を順番にシェル変数に格納します。
最後のシェル変数には残りのすべてが格納されるため、この例では、xに「10」、yに「20」、zに「30 40 50」が格納されます。そして、「echo result: $z $y $x;」により選択肢Dの表示となります。

whileループは1回だけで終了します。パイプ「|」から入力を取り込むreadコマンドと、その後に実行されるechoコマンドを同じシェルで実行するために本問題ではwhile文を使っています。パイプ「|」の後に単にreadコマンドで入力を取り込むと、その後で実行されるechoコマンドは別のシェルで実行されるため、シェル変数x、y、zにアクセスすることができません。

参考

while文を使わずにreadとechoを{}の中に入れてグループ化することでも同一シェル内で実行することができ、while文を使った場合と同じ結果を得ることができます。

実行例

```
echo '10 20 30 40 50' |
{ read x y z;echo result: $z $y $x; }
```

《答え》 D

問題 8

《解説》 検索条件を指定する場合はwhere句を使います。この問題の場合は、「列名=値」の形式で「where level='level2'」と指定する選択肢Cが正解です。

《答え》 C

問題 9

《解説》 level列内で同じ値を持つレコードをグループ化するには「group by level」句を使用します。グループ化したレコードの件数を集計するには集計関数count()を使用します。引数に*を指定し、count(*)とするとグループごとのレコード数が返されます。したがって選択肢Aは正解です。
集計関数count()に引数を指定しないと構文エラーとなります。したがって選択肢Bと選択肢Dは誤りです。選択肢Cは「order by level」により列名levelでソートした後、グループ化していないためテーブルの全レコード数が表示されます。したがって選択肢Cは誤りです。

《答え》 A

問題 10

《解説》 xorg.confのセクションは、「Section セクション名」と「EndSection」で囲みます。
フォントはセクション名Filesで指定し、フォントが置かれているディレクトリはFontPathで指定します。したがって、選択肢Cが正解です。

《答え》 C

問題 11

《解説》 xwininfoはクリックしたウインドウの情報を表示します。ウインドウ情報にはXサーバの色深度も含まれます。したがって選択肢Aと選択肢Dが正解です。

《答え》 A、D

問題 12

《解説》 ディスプレイマネージャはユーザのログインセッションを管理するGUIベースのプログラムです。したがって選択肢Bは正解です。

XDM、GDM、KDMは代表的なディスプレイマネージャです。したがって選択肢Aは正解です。この他にLightDMのような新しいディスプレイマネージャもあります。

ディスプレイマネージャはシステムの立ち上げシーケンスの最後にinitからprefdmを経由して、あるいはsystemdから起動され、Xサーバであるxorgを起動します。したがって選択肢Cは正解です。

選択肢Dはウインドウマネージャのことなので選択肢Dは誤りです。

《答え》 A、B、C

問題 13

《解説》 XDMはxorg-x11の標準のディスプレイマネージャであり、xorg-x11の基本パッケージに含まれています。したがって選択肢Aは正解、選択肢Bは誤りです。

XDMからログインした後に起動するプログラムはXsessionファイルで指定します。したがって選択肢Cは誤りです。

XDMの壁紙はXsetup_0ファイルで指定することができます。ログインエリアの画像、背景色、グリーティングメッセージはXresourcesファイルで指定できます。したがって選択肢Dは正解です。

《答え》 A、D

問題 14

《解説》 Orcaはスクリーンリーダーや拡大鏡の機能を提供しますが、キーボード設定機能はありません。したがって選択肢Aは誤りです。

xeyesはマウスの動きをグラフィカルなeyesが追うXのデモアプリケーションです。したがって選択肢Bは誤りです。

emacspeakはEmacs環境に統合化されたアプリケーションで、Emacsに読み込んだテキストや電子メールなどを音声で読み上げることができます。したがって選択肢Cは正解です。
gok（GNOME Onscreen Keyboard）はGNOME2のオンスクリーンキーボードです。したがって選択肢Dは正解です。

《答え》 C、D

問題 15

《解説》 ユーザが所属するプライマリグループを変更するには「usermod -g 変更後のグループ ユーザ名」を実行します。これにより/etc/passwdファイルの第4フィールドに新しいプライマリグループのGIDが書き込まれます。したがって選択肢Aと選択肢Bは正解です。
ユーザが所属するセカンダリグループを変更するには「usermod -G 2次グループのリスト ユーザ名」を実行します。これにより/etc/groupファイルの第4フィールドにユーザ名が追加されます。ユーザが所属するプライマリグループの情報は/etc/passwdに保持され、/etc/groupには保持されないので選択肢Cは誤りです。
groupmodコマンドで変更できるのはグループIDとグループ名だけで、ユーザのグループ情報は変更されません。したがって選択肢Dは誤りです。

《答え》 A、B

問題 16

《解説》 /etc/shadowファイルにはパスワードをハッシュ化した値（暗号化されたパスワード）とパスワードの変更日、変更期限、有効期限など、パスワードに関する情報が格納されています。/etc/passwdのエントリと/etc/shadowのエントリは第1フィールドのユーザ名により対応付けられています。/etc/shadowには第1フィールドのユーザ名以外は、ユーザIDなどの/etc/passwdに格納された情報は格納されていません。したがって選択肢Bが正解です。

《答え》 B

問題 17

《解説》 ユーザ認証を行うPAMのpam_unix.soモジュールは、/etc/passwdの第2フィールドの値が「x」か「##ログイン名」の場合は/etc/shadowファイルの第2フィールドを暗号化パスワードと見なします。値の1文字目が「*」か「!」の場合はログインを拒否します。それ以外の値の場合は/etc/passwdの第2フィールドを暗号化パスワードと見なし、暗号化アルゴリズムを判定します。したがって選択肢A、B、Dは正解です。
「+」の場合は暗号化パスワードと見なされます。したがって選択肢Cは誤りです。

《答え》 A、B、D

問題 18

《解説》 ユーザのログインシェルの指定を/sbin/nologinや/bin/falseに設定するとログインできなくなります。ユーザのログインシェルの変更は「usermod -s」あるいは「chsh -s」で行うことができます。したがって選択肢Aと選択肢Cは正解です。
userdelはユーザアカウントを削除するので本問題の題意に反します。したがって選択肢Bは誤りです。
chageはユーザパスワードの有効期限情報を変更、表示するコマンドです。したがって選択肢Dは誤りです。なお、chageに-sオプションはないので選択肢Dを実行すると構文エラーとなります。

《答え》 A、C

問題 19

《解説》 パスワードの有効期限は「chage -M」あるいは「passwd -x」コマンドで変更できます。パスワードの期限切れから失効までの日数は「chage -I」あるいは「usermod -f」コマンドで変更できます。したがって選択肢A、B、Dは正解です。
chaclはACLを変更するコマンド、chshはログインシェルを変更するコマンドなので選択肢Cと選択肢Eは誤りです。

《答え》 A、B、D

問題 20

《解説》 グループの追加はgroupadd、グループの変更はgroupmod、グループの削除はgroupdelでできます。したがって選択肢Aと選択肢Cは正解です。
ユーザをグループに追加する、あるいはユーザをグループから削除するにはusermodを使用します。groupmodコマンドではユーザの追加と削除はできません。したがって選択肢Bは誤り、選択肢Dは正解です。

《答え》 A、C、D

問題 21

《解説》 /etc/groupの正しいフォーマットである選択肢Aが正解です。

《答え》 A

問題 22

《解説》ulimitコマンドはプロセスの最大仮想メモリサイズを「ulimit -v」で、coreファイルの最大サイズを「ulimit -c」で設定するなど、使用するリソースを制限することができます。

《答え》ulimit

問題 23

《解説》lprはレガシーなLPRng互換の印刷コマンドです。プリントジョブはプリントキューに送られた後、印刷されます。したがって選択肢Aは正解です。
lpqはレガシーなLPRng互換のプリントキューの状態を表示するコマンドです。したがって選択肢Bは正解です。
lpはCUPSの印刷コマンド、lpstatはCUPSのプリントキューの状態を表示するコマンドです。したがって選択肢Cと選択肢Dは誤りです。

《答え》A、B

問題 24

《解説》/etc/cups/printers.confではDeviceURIを「DeviceURI lpd://172.16.0.1」のように指定してプリンタ定義を記述します。したがって選択肢Cが正解です。

《答え》C

問題 25

《解説》/etc/ntp.confの中で、「server ntp.nict.jp」のように、コンフィグレーションコマンドserverにより上位の外部NTPサーバを指定します。

《答え》server

問題 26

《解説》特権ユーザは、「date 0728195515」のようにしてシステムクロックを設定できます。この例ではMMDDhhmmYYのフォーマットで2015年7月28日19時55分に時刻を設定しています。したがって選択肢Aは誤りです。
特権ユーザは「ntpdate NTPサーバ1 NTPサーバ2」のように複数のサーバを指定してシステムクロックに設定できます。複数のサーバを指定した場合は、ntpdateコマンドが最善のサーバを選択します。したがって選択肢Bは正解です。

リファレンスクロックを参照するのはstatum 1のサーバです。したがって選択肢Cは誤りです。
hwclockはハードウェアクロックの時刻をシステムクロックに設定し、またシステムクロックの時刻をハードウェアクロックに設定することもできます。したがって選択肢Dは誤りです。

《答え》 B

問題 27

《解説》 /etc/cron.allowはcrontabコマンドの実行を許可するユーザを指定します。したがって選択肢Aは正解です。
/etc/cron.denyはcrontabコマンドの実行を禁止するユーザを指定します。 cronというコマンドはなく、 crondデーモンがcrontabの設定を実行します。したがって選択肢Bは誤りです。
crontab.allowあるいはcrontab.denyというファイルはありません。したがって選択肢Cと選択肢Dは誤りです。

《答え》 A

問題 28

《解説》 /etc/at.allowはatおよびbatchコマンドの実行を許可するユーザを指定します。したがって選択肢Aは正解です。 /etc/at.denyはatおよびbatchコマンドの実行を禁止するユーザを指定します。したがって選択肢Bは正解です。 batch.allowあるいはbatch.denyというファイルはありません。したがって選択肢Cと選択肢Dは誤りです。
/etc/at.allowと、 /etc/at.denyの各ファイル名は絶対パスも含め記述できるようにしておきましょう。

《答え》 A、 B

問題 29

《解説》 crontabのフォーマット「分 時 日 月 曜日 コマンド」に一致するのは選択肢Bと選択肢Dです。選択肢Bと選択肢Dはどちらも毎時30分にmyscriptを実行しますが、曜日の指定が日曜である0を指定した選択肢Dが正解で、土曜である6を指定した選択肢Bは誤りです。

《答え》 D

問題 30

《解説》 /etc/crontabのパーミッションはrootユーザだけに書き込み権限があるので選択肢Aは誤りです。
rootユーザもcrontabコマンドで設定ができ、設定ファイルは/var/spool/cron/rootとなります。したがって選択肢Bは誤りです。
/etc/crontabのフォーマットは「分 時 日 月 曜日 ユーザ名 コマンド」となるので選択肢Cは誤り、選択肢Dは正解です。

《答え》 D

問題 31

《解説》 syslogの設定ファイルのフォーマット「ファシリティ.プライオリティ アクション」に一致するのは選択肢A、C、Dです。
選択肢Aはすべてのメッセージを端末/dev/tty1に表示する設定であり、正解です。
選択肢Cはファシリティmailのすべてのプライオリティのメッセージを/var/log/maillogに保存する設定であり、正解です。ファシリティlocal0～local7はありますが、local8というファシリティはないので選択肢Dは誤りです。

《答え》 A、C

問題 32

《解説》 --since=は指定日時以降を表示するオプションで、--until=は指定日時以前を表示するオプションです。したがって選択肢Bと選択肢Dは正解です。
--dateおよび--timeというオプションはないので選択肢Aと選択肢Cは誤りです。

《答え》 B、D

問題 33

《解説》 UTCをローカルタイムに変換する時、ローカルタイムのタイムゾーン情報を格納した/etc/localtimeファイルを参照します。したがって選択肢Aは正解です。
timeはコマンドの実行時間を計測するコマンドであり、タイムゾーン情報は参照しません。したがって選択肢Bは誤りです。
BINDのゾーンファイルはホスト名とIPアドレスの対応情報を記述したファイルであり、このファイルの編集時にタイムゾーン情報が参照されることはありません。したがって選択肢Cは誤りです。
ロケールの設定に従うのは言語や文字コードであって時刻ではなく、タイムゾーン情報は参照されません。したがって選択肢Dは誤りです。

《答え》A

問題 34

《解説》環境変数TZは時刻を参照するアプリケーションのタイムゾーンを変更でき、一般ユーザの環境でも有効です。したがって選択肢Aは正解、選択肢Bは誤りです。
/etc/localtimeには、 /usr/share/zoneinfoの下の時差情報などのバイナリデータが入ったタイムゾーンファイルのコピーが格納されています。ディストリビューションやバージョンによってタイムゾーンファイルへのシンボリックリンクになっている場合もあります。したがって選択肢Cは誤り、選択肢Dは正解です。

《答え》A、D

問題 35

《解説》ロケールの書式は「言語_国地域.文字の符号化方式@修飾子」となり、各フィールドは「.」で区切られます。選択肢Aは国/地域(territory)となるべきところがタイムゾーン(timezone)となっているので誤りです。
国/地域とタイムゾーンは異なり、例えば米国ではロケールの国/地域は「US」ですが、タイムゾーンは「New_York」(東海岸)、「Los_Angeles」(西海岸)と2種類になります。日本の場合はロケールの国/地域は「JP」、タイムゾーンは「Japan」(あるいは「Tokyo」、どちらも同じ)となります。
環境変数LC_ALLに設定された値は、すべてのロケール変数(LC_*)に設定されます。したがって選択肢Bは正解です。
環境変数LANGの値をja_JP.UTF-8とすると、その値はLC_ALL以外のすべてのロケール変数(LC_*)に設定され、日本語にローカライズされたメッセージが表示されます。したがって選択肢Cは正解です。
環境変数LC_MESSAGESの値をja_JP.UTF-8とすると、日本語にローカライズされたメッセージが表示されます。この場合、日本語にローカライズされたメッセージが文字化けすることなく表示されるためには、環境変数LC_CTYPEの値をja_JP.UTF-8にすることにより、表示の文字コードも正しく設定されている必要があります。

《答え》B、C、D

問題 36

《解説》iconvコマンドはファイルの文字コードを変換して表示します。 -fオプションで入力時のコードを、 -tオプションで出力時のコードを指定します。

《答え》D

問題 37

《解説》/etc/hostsファイルのエントリの書式は「IPアドレス ホスト名 [別名]」となります。この書式に従っているのは選択肢C、D、Eです。選択肢Aと選択肢Bは書式が誤っています。
選択肢CはIPv4のアドレス、選択肢DはIPv6のアドレスです。したがって選択肢Cと選択肢Dは正解です。選択肢EはIPv6アドレスでは1箇所であるべき「::」が2箇所あるので誤りです。

《答え》C、D

問題 38

《解説》/etc/nsswitch.confは名前解決のために参照するデータベースの順序を指定します。C言語の標準ライブラリlibc.so.6の中の関数が/etc/nsswitch.confのエントリのキーワードを左から右に向かって順番に調べます。エントリが「hosts: files dns」の場合は、キーワードfilesによって/etc/hostsを参照し、これで名前解決ができなければ次にキーワードdnsによってDNSのサービスを検索します。したがって選択肢Aと選択肢Cは正解です。
/etc/nsswitch.confでは、参照するホスト名やDNSサーバのIPアドレスを直接記述することはありません。したがって選択肢Bと選択肢Dは誤りです。

《答え》A、C

問題 39

《解説》10.0.0.1はどのエントリのDestinationにも一致しないのでインタフェースwlan0からデフォルトルータ192.168.179.1に送られます。したがって選択肢Aは誤りです。
172.16.1.1はどのエントリのDestinationにも一致しないのでインタフェースwlan0からデフォルトルータ192.168.179.1に送られます。したがって選択肢Bは正解です。
192.168.1.1はDestinationが192.168.1.0のエントリに一致します。 192.168.1.0はインタフェースeth0に直結したネットワークなので、インタフェースeth0から送信されてルータを介さずに直接192.168.1.1に送られます。したがって選択肢Cは正解です。
192.168.2.1はDestinationが192.168.2.0のエントリに一致するのでインタフェースeth0から送信されてルータ192.168.1.1に送られます。したがって選択肢Dは正解です。

《答え》B、C、D

問題 40

《解説》 エントリの削除は「route del -net 宛先ネットワーク/プレフィックス」でできます。この構文にgwを付けた場合はgwの引数としてゲートウェイも指定しなければなりません。したがって選択肢Aは正解、選択肢Bは誤りです。
デフォルトルートの削除は「route del default」でできます。この構文にgwを付けた場合はgwの引数としてゲートウェイも指定しなければなりません。したがって選択肢Cは正解、選択肢Dは誤りです。
また、ipコマンドにより「ip route del default」で削除できます。したがって選択肢Eは正解です。

《答え》 A、C、E

問題 41

《解説》 netstatコマンドは以下の情報を表示できます。

- **TCPネットワーク接続を含めたTCPの情報**
- **UDPの情報**
- **UNIXソケットの情報**
- **ルーティングテーブル**
- **ネットワークインタフェースの統計情報**
- **マスカレード接続**
- **マルチキャストメンバーシップ**

したがって選択肢A、B、Cは正解です。NFSの統計情報とブロードキャストサービスは表示できないので選択肢Dと選択肢Eは誤りです。

《答え》 A、B、C

問題 42

《解説》 「ifconfig インタフェース IPアドレス」を実行してインタフェースにIPアドレスを設定できます。したがって選択肢Aは正解です。
「ifconfig インタフェース up」あるいは「ifconfig インタフェース down」を実行してインタフェースをアクティブあるいは非アクティブにできます。したがって選択肢Bは正解です。
「ifconfig インタフェース netmask ネットマスク値」を実行してインタフェースにネットマスクを設定できます。したがって選択肢Cは誤りです。
インタフェースを非アクティブにするとそのインタフェースを使用するルーティングテーブルエントリは削除されます。したがって選択肢Dは正解です。再びインタフェースをアクティブにした場合はそのインタフェースを使用するルーティングテーブルエントリは再度作成しなければなりません。

《答え》A、B、D

問題 43

《解説》httpサービスのポート番号は80です。したがって選択肢Aは正解です。
telnetサービスのポート番号は22ではなく23です。したがって選択肢Bは誤りです。
0～1023は特権ユーザのみが使用でき、1024以降は非特権ユーザも使用できます。したがって選択肢Cは正解です。
RFC1700によるWell Known Portsは0から1023です。したがって選択肢Dは誤りです。1024から49151はRFC6535でRegistered Portsと呼ばれています。

《答え》A、C

問題 44

《解説》tracerouteコマンドは宛先ホストに到達するまでの経路をトレースして表示します。したがって選択肢Aは正解です。
ルーティングテーブルは表示しません。したがって選択肢Bは誤りです。
経路のトレースにTTL値とICMPエラーパケットを利用します。したがって選択肢Cは正解です。
デフォルトの送信パケットはUCPです。したがって選択肢Dは誤りです。-Tオプションで送信パケットをTCPに、-Iオプションで送信パケットをICMPにすることができます。-Tオプション、-Iオプションを使用するにはroot権限が必要です。

《答え》A、C

問題 45

《解説》digコマンドは、DNSサービスを検索してホスト名に対応したIPアドレスを取得し表示できます。また、IPアドレスに対応したホスト名を取得し表示できます。したがって選択肢Aは正解、選択肢Cは誤りです。
digコマンドは問い合わせと応答についての詳細情報を表示します。また、多様な機能を持っているので名前解決のデバッグに利用することができます。したがって選択肢Bは正解です。
digコマンドはDNSサービスの検索のためのコマンドであり、/etc/hostsを参照することはありません。したがって選択肢Dは誤りです。

《答え》A、B

問題 46

《解説》プライベートアドレスは「10.0.0.0～10.255.255.255」、「172.16.0.0～172.31.255.255」、「192.168.0.0～192.168.255.255」です。この範囲内にある選択肢B、C、Dが正解です。

《答え》B、C、D

問題 47

《解説》プレフィックスが/28なので、ネットワーク部が28ビット、ホスト部が4ビットとなります。したがって、2^4=16個からネットワークアドレス（オールビット0）1個とブロードキャストアドレス（オールビット1）1個を引いた14個をホストに割り当てることができます。

《答え》14

問題 48

《解説》ポート番号はIPv6もIPv4も同じです。したがって選択肢Aは誤りです。
IPv6はIPv4と同じくTCPとUDPを使用します。したがって選択肢Bは誤りです。
IPv6とIPv4はプロトコルの互換性がないので、IPv6ノードとIPv4ノードが通信する場合はトランスレータなどのプロトコル変換が必要です。したがって選択肢Cは正解です。
IPv6にブロードキャストはなく、必要な場合はマルチキャストを利用します。したがって選択肢Dは正解です。

《答え》C、D

問題 49

《解説》128ビットのアドレスのうち、下位64ビットはインタフェース識別番号です。したがって選択肢Aは正解です。一般的にデータリンク層のアドレスから生成され、イーサネットの場合は48ビットのイーサネットアドレスから64ビットのインタフェース識別番号を生成します。
IPv6のアドレスは128ビットを16ビットごとに8つのフィールドに分けて、各フィールドをドット「.」ではなくコロン「:」で区切ります。したがって選択肢Bは誤りです。
フィールドの先頭にゼロが連続する場合はゼロを省略できます。したがって選択肢Cは正解です。
ゼロのみが連続するフィールドを全体で1箇所だけ「::」と省略できます。2箇所までではないので選択肢Dは誤りです。2箇所以上省略すると、どこのフィールドを何個省略したかわからなくなります。

《答え》A、C

問題 50

《解説》sendmailコマンドはCUIベースのMUAのメール送信時に使用されます。 sendmailコマンドはMTAとしてのSendmailだけでなく、 PostfixやEximなどのMTAにも含まれています。したがって選択肢Dが正解です。

《答え》D

問題 51

《解説》mailqコマンドで送信できなかったメールのキューを表示することができます。 mailqコマンドはSendmailだけでなく、 PostfixやEximなどのMTAにも含まれています。

《答え》mailq

問題 52

《解説》~/.forwardは、編集しただけで有効になります。 newaliasコマンドはメールのaliasデータベースを更新するコマンドです。したがって選択肢Aは誤りです。
~/.forwardは転送先のメールアドレスを記述するファイルです。複数のメールアドレスを指定することもできます。正規表現を使用することはできません。したがって選択肢Bは誤り、選択肢Cは正解です。
~/.forwardは一般ユーザが利用するファイルです。宛先メールアドレスに制限はありません。したがって選択肢Dは誤りです。

《答え》C

問題 53

《解説》選択肢Aと選択肢Bのような構文はなく、誤りです。選択肢Cと選択肢Dはサーバのポート番号指定として正しい構文です。選択肢Eはserver2を経由して、ポート番号222で待機するserver1にログインできます。

《答え》C、D、E

問題 54

《解説》sshクライアント(sshコマンド、 scpコマンド)のオプションは次の順番で参照されます。

①コマンドラインでの指定
②~/.ssh/config
③/etc/ssh/ssh_config
同じオプションが指定されている場合は、最初に参照されたものが使用されます。したがって選択肢Aと選択肢Dが正解です。 ~/.ssh/known_hostsはクライアント側でサーバの公開鍵を登録するファイルです。したがって選択肢Bは誤りです。
/etc/ssh/sshd_configはサーバの設定ファイルです。したがって選択肢Cは誤りです。

《答え》 A、D

問題 55

《解説》 ssh-agentは復号化した秘密鍵を保持するプログラムです。 sshコマンドやscpコマンドはssh-agentから復号化した秘密鍵を取得することができ、パスフレーズなしにsshサーバにログインできます。

《答え》 ssh-agent

問題 56

《解説》 sshサーバが転送するポート6010番を作成し、 sshサーバ上のXクライアントがこのポートを利用するように環境変数DISPLAYの値を「DISPLAY=localhost:10.0」と設定します。ディスプレイ番号10はXサーバのポート番号6000からのオフセットで6000+10=6010番を表します。

《答え》 DISPLAY

問題 57

《解説》 /etc/xinetd.dの下にxinetdから起動される個々のサービスの設定ファイルを置きます。

《答え》 /etc/xinetd.d

問題 58

《解説》 tcpdデーモンあるいはxinetdやサーバプログラムに組み込まれたTCP Wrapperライブラリが参照するファイルは/etc/hosts.allowと/etc/hosts.denyです。 /etc/hosts.allowはサービスへのアクセスを許可し、 /etc/hosts.denyはサービスへのアクセスを拒否します。

《答え》/etc/hosts.allow

問題 59

《解説》tcpdはinetdから起動されてTCPサービスのアクセス制御を行うデーモンです。したがって選択肢Aが正解です。

sshdはTCP Wrapperライブラリをリンクしているので、/etc/hosts.allowと/etc/hosts.denyファイルによるアクセス制御ができます。しかしsshdはsshサービスを行うデーモンであり、TCPサービスのアクセス制御を主タスクとするデーモンではないので選択肢Bは誤りです。

inetdはxinetdが開発される以前に広く使われていたデーモンで、xinetdと同じくリモートなクライアントからリクエストされたサービスを起動します。しかし/etc/hosts.allowと/etc/hosts.denyファイルを参照してアクセス制御を行う機能はなく、inetdから起動されたtcpdがアクセス制御を行います。したがって選択肢Cは誤りです。

xinetdはtcpdを利用せず、自身がリンクしているTCP Wrapperライブラリを使ってアクセス制御を行います。しかし、リモートなクライアントからリクエストされたサービスを起動するのが主タスクであり、アクセス制御が主タスクではないので選択肢Dは誤りです。

《答え》A

問題 60

《解説》findコマンドの構文は「find [オプション] [検索パス] [検索条件]」であり、検索パスを検索条件より前に指定しなければなりません。この構文に従っているのは選択肢A、C、Eです。検索パスを最後に指定している選択肢BとDは誤りです。

検索条件「-uid 0」によりファイルの所有者がrootで、「-perm /4000」によりSUIDビットが立っているファイルを検索する選択肢Aは正解です。「-perm /モード」では、モードで指定したどれかのビットが立っているファイルに一致します。

検索条件「-user root」によりファイルの所有者がrootで、「-perm -4000」によりSUIDビットが立っているファイルを検索する選択肢Cは正解です。「-perm -モード」では、モードで指定したすべてのビットが立っているファイルに一致します。「-user root」の代わりに「-user 0」としても同じ結果が得られます。

選択肢Eは/bin以下のすべてのファイルに対して「ls -dils」を実行し、その結果に対してgrepコマンドのパターンマッチングにより、SUIDビットが立ち所有者がrootのファイルのみを取り出して表示しています。したがって選択肢Eは正解です。

《答え》A、C、E

執筆者略歴

山本 道子（やまもと みちこ）

2004年Sun Microsystems社退職後、有限会社Rayを設立し、システム開発、インストラクタ、執筆業などを手がける。2011年（有）ナレッジデザインに入社。

著書に『オラクル認定資格教科書 Javaプログラマ Bronze SE 7/8』『同Silver SE 7』『同Gold SE 7』のほか、『SUN教科書 Webコンポーネントディベロッパ（SJC-WC）』、『携帯OS教科書 Andoridアプリケーション技術者ベーシック』、監訳書に『SUN教科書 Javaプログラマ（SJC-P） 5.0・6.0 両対応』（いずれも翔泳社刊）などがある。雑誌『日経Linux』（日経BP社刊）での連載LPIC対策記事を執筆。

大竹 龍史（おおたけ りゅうし）

1986年伊藤忠データシステム（現・伊藤忠テクノソリューションズ㈱）入社後、Sun Microsystems社のSunUNIX 3.x、SunOS 4.x、Solaris 2.xを皮切りにOSを中心としたサポートと社内トレーニングを担当。1998年（有）ナレッジデザイン設立。Linux、Solarisの講師および、LPI対応コースの開発/実施。約27年にわたり、OSの中核部分のコンポーネントを中心に、UNIX/Solaris、Linux などオペレーティングシステムの研修を主に担当。最近は、Androidアプリケーション開発技術に注力。

著書に『Linux教科書 LPICレベル2 スピードマスター問題集』（翔泳社刊）、雑誌『日経 Linux』（日経BP社刊）での連載LPIC対策記事、Web『@IT自分戦略研究所』（ITmedia社）での連載LPIC対策記事を執筆。

装丁デザイン：　坂井 正規（志岐デザイン事務所）
本文デザイン・DTP・編集：　株式会社 トップスタジオ

［ワイド版］Linux（リナックス） 教科書
LPIC（エルピック） レベル1 102 スピードマスター問題集
Version（バージョン） 4.0対応

2016年　1月　1日　初 版　第1刷発行（オンデマンド印刷版 ver.1.0）

著　　者　有限会社ナレッジデザイン 山本道子、大竹龍史
（ゆうげんがいしゃ なれっじでざいん やまもとみちこ おおたけりゅうし）
発 行 人　佐々木 幹夫
発 行 所　株式会社 翔泳社（http://www.shoeisha.co.jp）
印刷・製本　大日本印刷株式会社

＊本書は『Linux教科書 LPIC レベル1 スピードマスター問題集 Version4.0対応』（ISBN978-4-7981-4189-3）を底本として、その一部を抜出し作成しました。記載内容は底本発行時のものです。底本再現のためオンデマンド版としては不要な情報を含んでいる場合があります。また、底本とは異なる表記・表現の場合があります。予めご了承ください。

＊本書内容へのお問い合わせについては、iiページの記載内容をお読みください。
＊乱丁・落丁はお取り替えいたします。03-5362-3705までご連絡ください

ISBN978-4-7981-4585-3　　Printed in Japan